西伯利亚红松培育技术研究

邵宏波　主编

中国林业出版社

图书在版编目（CIP）数据

西伯利亚红松培育技术研究 / 邵宏波主编. -北京：中国林业出版社，2017.10
ISBN 978-7-5038-9160-1

Ⅰ.①西… Ⅱ.①邵… Ⅲ.①红松-栽培技术 Ⅳ.①S791.247

中国版本图书馆CIP数据核字(2017)第161018号

中国林业出版社·教育出版分社

策划编辑：肖基浒　　**责任编辑：**高兴荣　肖基浒
电　话：(010)83143555　　**传　真：**(010)83143516

出版发行　中国林业出版社(100009　北京市西城区德内大街刘海胡同7号)
E-mail：jiaocaipublic@163.com　电话：(010)83143500
网　址：http://lycb.forestry.gov.cn
经　　销　新华书店北京发行所
印　　刷　固安县京平诚乾印刷有限公司
版　　次　2017年10月第1版
印　　次　2017年10月第1次印刷
开　　本　787mm×1092mm　1/16
印　　张　6.75　　插页：16
字　　数　130千字
定　　价　20.00元

《西伯利亚红松培育技术研究》

编委会

主　　编　邵宏波

副 主 编　马立新　赵光仪

编写人员（按姓氏笔画排序）

马立新　田　颖　刘桂丰　刘琪璟
汪　洋　宋景和　张国财　张海庭
邵宏波　孟盛旺　赵光仪　赵博生
宫傲日格勒　祝清超

图片摄影　马立新　祝清超

前　言

西伯利亚红松主产于俄罗斯。前苏联学者认为：在全国重要成林树种中，按利用价值的总和衡量，西伯利亚红松最为珍贵。

在很长的历史时期里，乌拉尔、西伯利亚，甚至欧洲北部居民的物质、精神生活，都和西伯利亚红松息息相关。西伯利亚红松林既是他们采集补益珍品——松籽的基地，也是供应优质木材和化学产品的源泉。由于西伯利亚红松林存在，还使俄罗斯人在国际貂皮市场上，长盛不衰；松籽、松针、松脂等又是他们长期以来治疗多种疾病的妙药。在俄罗斯各种森林中，没有任何树种像西伯利亚红松能占据如此重要的地位。因此，获得如下一致的称颂：

深受其惠的群众称它为“树奶牛”“树妈妈”；

无限仰慕他的农民称它为“珍藏之树”“朝夕思慕之树”；

初到乌拉尔的哥萨克人称它为“西伯利亚美男子”“西伯利亚巨人”；

身居泰加的托木斯克人称它“西伯利亚奇妙好树”“北方针叶林(泰加)之王”；

有些前苏联学者甚至称它为“祖国森林的光荣”“俄罗斯民族的骄傲”。

其做为寒温带针叶林区极为优异的种质资源，发现于我国大兴安岭，对我国面积巨大的寒温带针叶林，无疑具有很重要的意义。然而由于分类失误，它却一直被错定为红松，从而导致本该在40年前向大兴安岭引种西伯利亚红松的实验，被单纯地引进红松所替代。

难怪一位林学界的老工作者痛心地说“这个树种被耽误了!”如果20世纪50年代最初发现时就明白是它，现在一片片的小林子就该起来啦。

作为一名林业工作者，面对如此后果，除内疚之外，也引发出另一层思考。

内蒙古大兴安岭林区是我国最北、面积最大的天然林区，该区也成为我国西伯利亚红松引种的首选之地。而漠河西伯利亚红松能否成林，直接关系到大兴安岭林区全面引种西伯利亚红松的成功。在如此重要的问题上出现失误，并一误再误，甚至在鉴定认可后仍时有疑云，其背景固然复杂，但广大森林经营战线的同志对此过于陌生、缺乏必要的鉴别能力则至为重要。这也成为促使本书问世的直接动力之一。

有关大兴安岭西伯利亚红松的调查、研究与争论，引种前后历经了20多年，这20多年的努力无非是大致清晰了两种松树的分类和分布。真正重要的工作才刚开始，应科研、生产、改变林区树种结构之需，我们根据20多年来接触的资料和研究编成此书，以供同仁参考。书中也略提了一下赵光仪老先生对此树的发现和研究过程，对于启迪思维、总结教训，或可起到亡羊补牢的作用。书中所据资料，涉及作者数位，难于一一征询意见，在此深致歉意。20多年来我们潜心研究，脚踏实地的经营已经取得显著的成果。现在内蒙古阿龙山林业局的西伯利亚红松已经是全国的一面旗帜了——赵光仪老先生高度评价我们的西伯利亚红松！

20余年来曾得到众多学者、广大师友和林区职工大力支持，以及敬爱的赵光仪先生、张海庭先生、刘琪璟教授、刘桂丰教授、张国财教授、赵博生教授、宋景和教授等的热情指导和帮助，这代表了老一辈林业工作者对祖国林业生态建设和后辈学者的殷切期望，让我们一起向他们表示衷心的感谢！很多事迹让我们终生难忘，由于篇幅所限不能一一列举，谨在此向所有同志致以深深的歉意！

本书历经多次修删，但鉴于水平有限，错漏之处在所难免，敬请读者批评指正！

编者

2017年5月

目　录

前言

1　西伯利亚红松的国民经济意义 …………………………………… (1)
1.1　优质的木材 …………………………………… (1)
1.2　佳美的松籽 …………………………………… (3)
1.3　珍禽异兽及貂皮 …………………………………… (6)
1.4　松脂及其他化工原料 …………………………………… (7)
1.5　卫生防疫功能 …………………………………… (9)
1.6　保持水土作用 …………………………………… (9)

2　西伯利亚红松引种与生态保护技术研究 …………………… (10)
2.1　西伯利亚红松引种背景 …………………………… (10)
2.2　西伯利亚红松引种的意义 …………………………… (10)
2.3　西伯利亚红松发现与引种 …………………………… (13)
2.4　西伯利亚红松研究基础 …………………………… (17)

3　西伯利亚红松的生物学特性 …………………………… (23)
3.1　寿命长 …………………………………… (23)
3.2　生长先慢后快 …………………………………… (23)
3.3　浅根性和不定根 …………………………………… (27)
3.4　繁殖特征 …………………………………… (27)

4　西伯利亚红松的生态学特征 …………………………………… (30)

4.1　西伯利亚红松基本特征 …………………………………… (30)

4.2　气候条件 …………………………………… (31)

4.3　地形、土壤 …………………………………… (36)

4.4　生物因子及火 …………………………………… (38)

5　西伯利亚红松林的群落动态 …………………………………… (41)

5.1　西伯利亚红松林的更新规律 …………………………………… (41)

5.2　西伯利亚红松林的形成和演替 …………………………………… (44)

5.3　西伯利亚红松林的自我维持过程 …………………………………… (46)

6　西伯利亚红松人工抚育措施 …………………………………… (48)

6.1　实施方法 …………………………………… (48)

6.2　人工抚育效益 …………………………………… (49)

7　西伯利亚红松嫁接技术及成果 …………………………………… (51)

7.1　采穗 …………………………………… (51)

7.2　穗条的运输和窖藏 …………………………………… (52)

7.3　嫁接前穗条处理方法 …………………………………… (52)

7.4　砧木的选择和培育 …………………………………… (52)

7.5　嫁接方法 …………………………………… (53)

7.6　技术要点 …………………………………… (54)

7.7　管理要求 …………………………………… (54)

7.8　嫁接成活意义及总结 …………………………………… (55)

8　阿龙山西伯利亚红松研究概况 …………………………………… (56)

8.1　阿龙山简介 …………………………………… (56)

8.2　采种及催芽 …………………………………… (57)

8.3　育苗 …………………………………… (60)

8.4　造林 …………………………………… (65)

8.5 研究成果 …………………………………………………………………… (68)
8.6 远景规划 …………………………………………………………………… (70)

9 二维码在西伯利亚红松培育和保护中的应用 …………………………… (72)
9.1 应用现状及意义 ………………………………………………………… (72)
9.2 二维码应用类型及方式 ………………………………………………… (75)
9.3 二维码在培育和保护珍贵树种方面的作用 …………………………… (75)

后 记 ……………………………………………………………………………… (79)
一、解开“漠河红松”之谜 ……………………………………………………… (79)
二、寻找失联的“孩子” ………………………………………………………… (89)
三、栽种“神树”的人——赵光仪 侯爱菊 ……………………………………… (92)
四、西伯利亚红松研究成果 …………………………………………………… (95)

附 图 ……………………………………………………………………………… (97)

1 西伯利亚红松的国民经济意义

西伯利亚红松的林产品及林副产品给人类带来巨大的经济效益、生态效益和社会效益，在前苏联一直受到珍视。它在国民经济中体现出的巨大意义随着研究的深入、新产品和新用途的不断发现逐步提高。依据（前苏联）资料及实地调研参观，其重要意义主要表现在以下几个方面。

1.1 优质的木材

在东北林区，红松（*Pinus koraiensis*）是生产生活中最熟悉的优质木材，号称“东北木王”。而西伯利亚红松（*Pinus sibirica*）木材无论从微观到宏观，其一系列的构造都与红松极其相近，难以区分，且材性、用途及经济价值也非常相似（表1-1）。因此，在现有的木材检索表中，两者处于同一位置同时检索，不予区分，都是著名的大径级建筑良材。大量研究资料证实，该树种是欧亚泰加林首屈一指的主要经济林种，被称为“泰加之王”。

表1-1 西伯利亚红松与东北针叶树若干材性指标比较

树种	气干容量 (g/cm^2)	干缩系数		顺纹压力极限强度 (kg/cm^2)	静曲极限强度（弦向）(kg/cm^2)	顺纹剪力极限强度 (kg/cm^2)		端面硬度 (kg/cm^2)
		径向	弦向			径面	弦面	
西伯利亚红松（西伯利亚东部）	0.45	0.13	0.28	378	628	70	74	220
红松（大兴安岭）	0.44	0.122	0.312	334	653	63	69	220
樟子松（大兴安岭北坡）	0.457	0.144	0.24	316	725	70	74	251
长白赤松（长白山）	0.49	0.168	0.271	398	823	72	69	249
兴安落叶松（大兴安岭）	0.696	0.186	0.411	524	1170	91	92	415
红皮云山（长白山汪清）	0.435	0.142	0.315	360	747	64	57	225
鱼鳞松（长白山汪清）	0.467	1.98	0.36	381	893	69	64	264
臭冷杉（长白山汪清）	0.38	0.136	0.368	321	676	54	54	248
沙松（长白山）	0.39	0.12	0.306	355	680	62	65	260

西伯利亚红松木材属显心材，心材呈淡玫瑰色或淡黄红色；边材宽，颜色略淡。年轮界限明显，花纹美丽。早材甚发达，早晚材过度平缓，质地均匀轻软，易于加工，并带有浓重的松脂香，因此是细木工和各种装修的良材。由于其树干粗大，可以锯成宽板材，长期以来广泛用于家具业、图版、美术工艺和蓄电池薄板生产。此外，由其制作而成的器皿具有稳定的防腐性能，适用于盛装食品、乳制品等。有人说“用西伯利亚红松材制造出来的奶油香，自古以来就闻名遐迩”。用它做的蜂房，蜜蜂也喜欢住；做的柜子不生米蛾、衣蠹；而制造的图版和工艺品堪与红木媲美。由于其良好的共振性，还广泛用于乐器制造。

在西伯利亚的很多地区，居民利用西伯利亚红松原木建造房屋，由其薄板做成的屋顶，不仅防腐性能绝佳，经久耐用，而且坚固性也不亚于铁皮屋顶。因为木材悦目的色泽，加上松脂特有的消毒性能，人们还用它制造门窗、天棚和地板。另外，由于其易于加工的特性，在西伯利亚的托博尔斯克、托木斯克、新西伯利亚等城市和广大村镇，由它而制成的精美图案和建筑装饰随处可见。

在托博尔斯克，有一座用西伯利亚红松建造的样式新奇的大剧院；还有一座由西伯利亚红松装饰圣象壁的大教堂，它已被打磨的完全成了美丽的橡木，令能工巧匠也叹为观止。在托木斯克大学，著名的植物学家 H · H · 克雷洛夫用它制作的标本柜，其精美程度亦令人惊叹。在托木斯克、克拉斯诺亚尔斯克等城市，很多由西伯利亚红松制成的有趣的木结构纪念建筑，已进入国家保护文物之列。据记载证实，我国故宫博物院的许多主要建筑材料都采用西伯利亚红松。

西伯利亚红松木材构造均匀、材质轻软、横纹抗剪力小、削面光滑，特别适宜做铅笔用材，因而在前苏联很早就代替了美国进口的铅笔材香柏（*Sabina pingii* var. *wilsonii*），20 世纪 70 年代末，仅托木斯克每年出产的铅笔工业用材就达 15 万立方米，白俄罗斯、乌克兰，捷克和斯洛伐克等地的铅笔用材均源于这里。

西伯利亚红松木材具有极强的耐腐性能，能很好地保存于建筑物之中。在西伯利亚的原始林中，有时能见到沉睡多年的倒木，其上已经长满地被，在厚覆苔藓的地面上，只能根据长长的一条隆起才能确定它的存在，有时上面还长满了云杉幼树。但如果剥去苔藓，观察木材，发现虽然经过几十年，却只是表层发生了腐朽，中心部分仍具有红木的颜色，而且被很好地保存着；一些枯立木甚至经过火烧后仍不失为优良材质。此外，100~130 年以上的西伯利亚红松属于大中径级经济材（表 1-2），对于满足国民经济对木材的多种要求，显然具有特殊的意义。

1.2　佳美的松籽

西伯利亚红松的种子作为食用坚果，在前苏联人民生活中的地位甚至重于木材，自古就引起充分的注意。据说俄罗斯向西伯利亚大批移民始于 16 世纪，最初一批移民村就是沿着顺河生长的西伯利亚红松林建立起来的。移民们称西伯利亚红松为果树，把它作为粮食基地。

西伯利亚大铁路建成的最初十年，每年松籽的运输量达 5 000 t。西伯利亚红松引起专家学者们的注意，首先也是因为其能提供珍贵的营养食品——松籽。19 世纪末 20 世纪初，很多著作也涉及这些方面。

表 1-2　西伯利亚红松各龄级经济材平均生长量

采种等级	平均生长量(m^3/hm^2) 为最大生长量的百分率(%)											最大平均生长量的年龄
	同龄林地位级Ⅲ											
林龄	60	80	100	120	140	160	170	200	220	240	260	
经济材	1.44	2.02	2.22	2.27	2.28	2.26	2.20	2.13	2.00	1.82	1.58	140
总量	63	89	99	99.5	100	99	96.5	93.5	80	80	69	
其中大	0.71	1.51	1.99	2.13	2.15	2.16	2.12	2.05	1.94	1.76	1.54	160
中径级	33	70	92	98.5	99.5	100	98	95	90	81.5	71.5	
	异龄林地位级Ⅲ											
林龄	110	130	150	170	190	210	230	250	270	290	310	
经济材	0.21	0.35	0.43	0.46	0.46	0.44	0.39	0.34	0.29	0.24	0.23	180
总量	46	76	93	100	100	96	85	74	63	52	50	
其中大	0.47	0.35	0.42	0.45	0.46	0.43	0.38	0.34	0.29	0.24	0.23	190
中径级	37	76	91	98	100	93	83	74	63	52	50	

其松籽在食品、医疗中的作用已人所共知，并长期被当地居民定性为最高级美味的食品。其营养成分、适口性、消化率皆超过动物性产品。西伯利亚冬夜漫长，每当此时，农村青年或相约聚会，或闲坐邻里，在格崩格崩磕松籽的声音中交流着感情，被戏称为“西伯利亚对话”。松籽的吃法是先在平底锅上

烤(炒)干，随后以冷水稍浸，这样种仁既不失香味，硬壳又变软易嗑。

与人们熟悉的远东红松(*P. korariensis*)籽相比，西伯利亚红松籽虽然种粒较小、较轻，但种壳较薄，容易嗑开，而且种仁占松籽全重的比例(约47. 2%)明显比远东红松(约33. 8%)高；与偃松（*P. pumila*)相比，种粒明显偏大(表1-3)，其食用价值确实很理想。

表1-3　不同松籽的物理指标

指　　标	*P. pumila*	*P. sibirica*	*P. koraiensis*
种子长(mm)	7. 0	10. 4	15. 9
种子宽(mm)	5. 1	7. 7	10. 4
种壳厚(mm)	0. 3	0. 7	1. 0
种仁重(mg)	37. 6	106. 6	180. 1
种仁占松籽重(%)	47. 3	47. 2	33. 8

据资料分析，松籽种仁中含脂肪约50%~60%，蛋白质16%~17%，碳水化合物12%~15%，矿物质2%~2. 5%，种仁中最活跃的成分——油脂为7%、蛋白质近5%、糖3%，其他干物质组分(淀粉、糊精、戊聚糖)小于1%。

(1)油脂

西伯利亚红松籽油呈浅琥珀色，爽口而稍具果香。重要特征是多元不饱和脂肪酸含量甚高(62%~80%)，特别以亚油酸最多，超过花生油(26%)、棉籽油(44%~55%)、豆油(45%~65%)、向日葵油(55%~72%)和玉米脐油(50%~56%)中该物质的含量。此外，其种子油类似维生素，从而大大提高其食用价值；油的碘质为158~168，甚至达177，属干性油，也是很高级的工艺用油。

(2)蛋白质

松籽总含氮物中约90%为蛋白质，其中含氨基酸18种，精氨酸、天门冬氨酸、谷氨酸、亮氨酸等占总量的50%。对幼儿的生长极为重要的精氨酸比例甚高(表1-4)。其蛋白质的特点是易消化，必需氨基酸的含量在理论上与鸡蛋很相近。100 g种仁氨基酸含量足够一个人一天的生理需求。

表 1-4 西伯利亚红松种子蛋白质总量中的氨基酸含量变化 g/100 g

氨基酸种类	100 g 蛋白质含量	氨基酸种类	100 g 蛋白质含量
赖氨酸	2.7~3.3	丙氨酸	4.3~4.9
组氨酸	2.2~3.2	缬氨酸	4.7~5.2
精氨酸	13.8~16.9	甲硫丁氨酸	1.1~1.8
天门冬氨酸	11.2~13.9	异亮氨酸	3.5~4.7
苏氨酸	2.3~3.5	亮氨酸	6.4~7.9
丝氨酸	4.8~5.4	酪氨酸	3.6~4.0
谷氨酸	15.0~16.9	苯丙氨酸	3.4~3.7
脯氨酸	4.3~5.2	色氨酸	1.3~1.4
甘氨酸	3.8~3.9		

(3) 磷脂

西伯利亚红松种仁中磷脂的含量胜过所有坚果及油料作物的种子，能与之媲美的只有植物中卵磷脂来源最丰富的大豆。

(4) 维生素

西伯利亚红松松籽还是核黄素(维生素 B_2)、脂溶性维生素 E(生育酚)和维生素 F(不可替代的必需脂肪酸)等的主要来源。维生素 E 不足时，易导致有机体利用脂肪的过程被扰乱、哺乳妇女的乳汁生成受抑制、动脉硬化的危险性增加。维生素 E 主要存在于油脂种子和动物性食品中，西伯利亚红松松籽的维生素 E 含量(种子 10~30 mg/100 g，油脂 40~60 mg/100 g)，相当于肉类(2 mg/100 g)的 5~15 倍，比大牲畜的肝(10 g/100 g)还高。所含维生素 E 极高的坚果，如核桃(20.5 g/100 g)、扁桃(15 g/100 g)、花生(15 g/100 g)皆低于它。

(5) 核黄素

核黄素缺乏将导致唇口开裂、溃疡及一系列眼科疾病。核黄素主要存在于叶菜、干果和动物性食品中。西伯利亚红松籽核黄素的含量达 0.933 mg/100 g，高于核桃(0.186 mg/100 g)、扁桃(0.73 mg/100 g)、阿月浑子(0.639 mg/100 g)，为红松(0.210 mg/100 g)、偃松(0.263 mg/100 g)的 3.5~4.5 倍，比肉类(0.1~0.3 mg/100 g)、蛋类(0.4 mg/100 g)及乳酪(0.3~0.7 mg/100 g)的含量还高。

(6) 常量和微量元素

西伯利亚红松含有大量的灰分物质，各种常量元素和微量元素，尤其是磷(P)、钴(Co)、碘(I)含量明显高于红松。碘含量高对于缺碘的西伯利亚地区居民防治甲状腺疾病具有重要意义。100 粒种子的锰、铜、锌含量就足够一个人一天的生理需求。

(7)松籽油

在西伯利亚和乌拉尔，西伯利亚红松种子很早以前就被用于生产植物油。据资料记载，在20世纪后半叶，西伯利亚红松种子油作为商品，不仅在伊尔比特城售卖，而且在很多西伯利亚集市上出现。当时还只是家庭手工制取。1923—1929年，工厂化生产的食用油年产量达4万普特(1普特约为16.38 kg)。榨过油的油粕可以用于生产酥糖，其中蛋白质和碳水化合物分别高达44%和46%，食用价值超过面包和猪肉等。

(8)植物性鲜奶油和素奶

西伯利亚地区的农民利用西伯利亚红松种仁，制备“植物性鲜奶油”和“素奶”。植物性鲜奶油是将松籽烤干、粉碎清除种皮，经进一步磨碎，加少许热水熬制而成。植物性鲜奶油加水冲淡即成素奶。由于种仁中的物质基本没有被破坏，营养价值可与真正的奶油及肉、蛋媲美，在西伯利亚民间疗法中，曾用于治疗神经紊乱、肾病、动脉粥样硬化、胃酸过高、胃溃疡和十二指肠溃疡。此外，它还有利于调节血液组分、改善脂肪代谢，非常适合正在哺乳的母亲和吃奶的儿童，因此该松素有“树奶牛”“树妈妈”之称。

西伯利亚红松结实盛期约为150~200年，生境适宜处年产量可达120 kg/hm^2(参见表4-3)。

1.3 珍禽异兽及貂皮

西伯利亚红松林为野生动物和各种珍禽异兽提供丰富的、高质量的饲料和最佳的栖息条件，特别对珍贵的紫貂、灰鼠更为适宜，因而它们的群落数量比其他任何森林都多，在松籽收获最少(6~8 kg)的年份也足够它们的需求。松籽在熊、金花鼠及其他鼠类的食物中也占据重要地位。西伯利亚红松林不仅食物丰富，而且比阔叶林或樟子松林隐蔽条件更好。有学者观察发现，在乌拉尔西伯利亚红松林中灰鼠的繁殖能力倍增，曾有一年内产仔二三窝的现象。金花鼠通过收集落果，每穴可储藏松籽15 kg，但其储藏室常常被熊所毁。除猞猁、狼獾等高大猛兽外，还有很多貂鼠、西伯利亚鼬、麇、马鹿，以及北方森林中最大的动物犴达罕。大雷鸟和松鸡为西伯利亚红松的种子传播提供有效途径，而星鸦则起到除虫作用。

所有的动物产品中，以毛皮最负盛名，尤其是紫貂。据统计证实，西伯利亚红松林的毛皮产量以及貂皮产值占毛皮总收入的百分比远远高于其他森林（表1-5）。动物产品产量的多少与地位级的高低存在密切关系。

表1-5 叶尼塞河流域单位面积不同森林狩猎产品及数量(1976—1980年) 10^3 hm^2

产品	山地西伯利亚红松林	叶尼塞左岸暗针叶林	安加拉一带樟子松—落叶松林	埃文基明亮和阴暗针叶林
毛皮(千张)	0.11	0.04	0.02	0.03
紫貂(张)	1.1	0.4	0.2	0.3
松鼠(张)	9.4	3.5	8.8	1
野禽(只)	0.4	0.7	0.1	0.01
动物肉(kg)	3	10	2	20
紫貂皮产值占毛皮产值(%)	95	50	25	60

在俄罗斯人大举迁入西伯利亚之前的很长时间，西伯利亚的貂皮就已经越过乌拉尔进入欧洲，引起了沙俄的巨大兴趣。大量移民进入西伯利亚后，随着西伯利亚红松林的破坏，貂皮产量逐渐减少。貂皮和其他软皮毛曾被古俄罗斯长期用作货币，成为沙皇俄国国库的基本收入。捕貂业的衰落引出保护森林（首先是西伯利亚红松资源）的第一个国家法令。在17世纪的《法律大全》里就规定多条关于保护自然的条例，1683年又签署一项法令，规定在捕貂时烧毁西伯利亚红松林者处以极刑。

1.4 松脂及其他化工原料

目前，从西伯利亚红松木材中可获取上万种产品，因此被广泛用于各种化学物质的提取，如硝酸、木精、丙酮、福尔马林、木糖等。西伯利亚红松的树皮、枝桠、果壳、松针也含有多种化学成分，在现代工艺技术条件下，皆成为上好的化工原料，具有广阔的应用前景。利用树皮还可以制成坚固的保温板、着色很稳定的褐色燃料以及栲胶。枝桠可制成压缩木砖，用于房屋建筑。在托木斯克铅笔厂，还生产出特殊的刨花板，适用于室内装修。

松针不仅是珍贵的林木化工原料，又是众所周知的药材。由于维生素C含量高（>50 mg/100 g），长期以来被西伯利亚地区居民用作防止坏血病的主要药物。此外，松针不仅含有较多的胡萝卜素、维生素E、D、K、B，还含有珍贵的精油。

每收获1t种子，约产生2t种鳞、球果轴、茎等果壳，这些残余物，是生产糠醛、松香、单宁、燃料的上等原料。果壳中的单宁，可制作褐色燃料，干馏可得甲醇、醋酸和具有高吸附性的活性炭。种壳的浸剂可治疗痔疮。从种仁上脱落的薄膜，即无油的内种皮，能成功地代替马毛等多种毛类，用以填充床垫、软椅、沙发等。

西伯利亚红松也是很有价值的采脂树种，其中松节油颇为珍贵。每公顷西伯利亚红松每年可采到40~80 kg 高质量的松节油。松节油在空气中可长期保存且不变稠、不结晶。从松节油中可提取西伯利亚红松香胶以用于光学仪器工业和显微技术，还可以提取用于显微镜技术的浸油、松香酸、甘油醚和塑性剂。因此，西伯利亚红松松节油能成功地取代某些昂贵的香胶和浸油，综合应用前景颇为广阔。

松节油在医疗上的作用早已有名，而且作用独特。阿尔汉格尔斯克州有一座教堂，旁边保存着很大一片西伯利亚红松林，它们的树皮破碎不堪，当地的牙病患者说，这是因为他们拜访教堂时咀嚼树皮造成的。据说牙接触到流出的松脂可止痛，也可消除牙及牙床上的病症。由于松节油具有很强的杀菌性，且对皮肤有益，故常用于治疗慢性溃疡、痔疮。疗伤用的红松萜类(香胶)，多被溶于中性油和凡士林油中保存。

自1932年起，苏联开始对西伯利亚红松进行采脂实验，现已有近90年的历史；阿尔泰某地从1948年起开始，曾在39.4×10^4 hm^2的面积上采脂10年，获得松节油12 899.8t，西伯利亚红松具有罕见的再生特点，它较樟子松更容易修复自身。在采脂的第一年伤口处木材就可愈合，对其生命无较大影响。采脂年龄一般接近采伐年龄，近、成、过熟林的松脂产量以161~200年林龄为最高。其后虽略有降低，但下降很慢，基本呈稳定状态(表1-6)。

表1-6 阿尔泰山地西伯利亚红松林松脂产量(真藓—红松林地位级Ⅲ 纯林)

龄　级	疏密度		
	1~0.9	0.8~0.7	0.6~0.5
每条采脂沟松脂产量(g/沟)			
161~200	5	5.2	5.5
201~240	4.7	4.9	5.2
241~281	4.4	4.6	4.9
综合的、生物学的松脂含量(kg/hm²)			
161~200	16.5	13.5	10.2
201~240	15.9	13.1	10.2
241~281	11.9	9.8	7.6

1.5 卫生防疫功能

西伯利亚红松林具有多种卫生防疫功能，据资料统计，1 hm^2森林一昼夜可释放出具有强大杀菌能力的挥发性物质3~30 kg，有人认为如此规模的杀菌物质，足以抑制一座城市的致病微生物。此外，该树种占优势的林分，以完全、高度清洁的特点而有别于其他树种组成的森林，据说还可以激发致病微生物天敌(另一种微生物)的繁殖，并促进植物体中维生素及类维生素的增多。植物杀菌素对人的神经系统、心脏活动和其他器官均有促进作用。

1.6 保持水土作用

西伯利亚红松林因具有复层、异龄的特点，下木、下草等发育较好，故保水固土、涵养水源、调节水分的作用颇强。由于西伯利亚红松林所处的垂直地带降水量较大，所以该森林是西伯利亚的主要水源。在西伯利亚山地、草原带、森林草原带，甚至落叶松和樟子松林带，由于降水较少，径流量很小，最大径流量出现在西伯利亚红松林的垂直带及其上部森林地带，西伯利亚一些大河流主要来源于这里，因此西伯利亚红松林可以说是西伯利亚清洁水的主要供应基地。综上可见，给西伯利亚红松冠以“泰加之王”等一系列美称，并非过誉。

2　西伯利亚红松引种与生态保护技术研究

2.1　西伯利亚红松引种背景

我国东北部广大高寒林区树种比较单一，森林产品单调、质量较低，难以满足国民经济的多种需求。长期以来，树种单一问题使我国林业工作者深为困惑，在大兴安岭林区表现尤为突出。内蒙古大兴安岭林区作为内蒙古自治区森林生态系统的主体，在生态建设当中负有重要使命。林区生态建设面临的主要问题是树种过于单一，天然过纯与历史上过密的营造林方针，对于促进森林健康化、保证森林正向演替非常不利。

内蒙古大兴安岭林区拥有 822×10^4 hm^2 有林地，其中阔叶次生林所占比重较大，这些林木生长慢、占用林地面积较大，相互挤压和争斗，个体发育迟缓、生产量低，材质低劣，过早的干梢、风倒、病害等直至死亡，导致部分森林群落的林相残破，防风固沙、蓄水保墒等功能减弱，与主林层的兴安落叶松、白桦相比较，浪费了大量的养分，林地生产力低下，起不到应有的生态效益，阻滞了碳汇，影响了大兴安岭作为北疆生态屏障的整体作用。增加树种数量，解决树种单一的问题是该区广大林业工作者一直探索研究的课题。

2.2　西伯利亚红松引种的意义

2.2.1　提高生态社会效益

西伯利亚红松具有很高的林地生产力，极耐寒、喜湿、耐阴、喜光、生境适应范围广、生长稳定，气温低于 -60℃仍然能够正常生长，同时具有很强的抗风倒特性，又具有复层、异龄特点，在保水固土、涵养水源、调节水分方面的作用极强。引进西伯利亚红松是非常必要的。西伯利亚红松是寒温性针叶林的珍贵资源。在我国，寒温性针叶林除大兴安岭外，还集中存在于小兴安岭、长白山，以及西南高山林区和新林区(河谷云、冷杉林和亚高山针叶林)，是我国分布最广、面积最大、蓄积量最多的森林类型。

西伯利亚红松主产于俄罗斯的西伯利亚地区，广泛分布于欧亚泰加林带，种内变异非常丰富，存在大量优异种质。我国仅新疆的北疆高山上有少量分布、种子量少且生长质量不高。大兴安岭是兴安落叶松的故乡，由其构成的生态系统、生态效益，以及社会效益和经济效益十分稳定。但只有兴安落叶松、樟子松、白桦、山杨、钻天柳，多层同龄纯林组成，结构极简单，生产力也不高，成、过熟后只能皆伐(或渐伐)，即使能及时更新，数十年内保水固土作用基本不明显，且只能再形成同龄林(或相对同龄)。我国寒温性森林除大兴安岭外，更广见于西部山地，是天然林中分布最广，面积最大的类型，可谓举足轻重。各高山林区树种单纯的问题虽不如大兴安岭严重，但也不过云、冷、落、桦四类，木材质量和经济价值与西伯利亚红松比相差尚远。

随着西伯利亚红松这个常绿、耐阴成分的引入，大兴安岭林区目前几乎清一色由白桦、落叶松等强喜光性树种形成的单层、同龄、落叶纯林，将逐渐改造成由常绿、落叶树种形成的复层、异龄混交林。森林的物质、能量转化能力将明显增强，下木、下草更加丰沛，林层结构更加稳固，调节气候、涵养水源、保持水土等生态作用必将明显提高。随着森林组成结构的完善，林草繁茂、森林生态系统自我调整日趋完备，为野生动植物的繁衍生息提供了充足的食物和栖息条件。大量结实和良好荫蔽，西伯利亚红松林特别适合熊、猞猁、紫貂、灰鼠等软毛皮兽的采食、躲避、栖息与繁殖，也将有助于鼠类种群的控制，对丰富地区生物多样性及生态系统多样性具有重大意义。

西伯利亚红松能够分泌高杀菌活性的植物杀菌素，有益于神经系统、心脏活动和其他器官的健康，还能起到净化空气的作用。西伯利亚红松林对大兴安岭等长冬无绿环境的改变，将有利于人民健康水平的提高，精神生活的丰富，也将有助于道德情操的培养和精神文明的建设。

在社会效益方面，通过引进收集、保存利用西伯利亚红松种质资源、扩繁培育及建设西伯利亚红松种子园，开展示范林的建设，可向大兴安岭林区提供林木示范园和科普教育基地，普及其育苗和扩繁技术，加强人们对生态环境的重视，产生保护环境的意识。苗木生产和营造林任务的增加，将为本地区增加就业机会，促进居民增收，拉动区域经济，百姓日趋安居乐业，社会更加稳定，带动社会和谐。

2.2.2 推动林区发展

西伯利亚红松是一个集用材、坚果、粮油、保健为一体的优良树种，其寿命长、生长后劲足。美味可口的松籽营养丰富，松脂、松节油、松针等采收加工在俄罗斯已用于生产，其综合利用前景也相当广阔。同时，西伯利亚红松又具有很高的观赏价值，丰富的产品可满足国民经济的多种需要。此外，还将带动种子加工、医药、皮毛等其他行业的发展与繁荣，为人们提供更多的就业机会，最大程度上拉动区域经济的发展。

西伯利亚红松还可以提供优质的木材资源，我国从俄罗斯进口的商品材中，西伯利亚红松价格最高。按西伯利亚红松人工林轮伐期 80 年计算，将可产出木材 350 m^3/hm^2，按目前市场售价 2000 元/m^3计，产值达 70 万元/hm^2，相当于桦木材的 2 倍，杨木的 3~4 倍。可为国家陆续提供目前市场严重短缺的大径级优质良材，仅木材产值一项将达到 37.8 亿元。其次，西伯利亚红松的大量引入将建成我国第二个松籽生产基地。专为生产松籽的实生坚果林 14~15 年林龄产量可达 100 kg/hm^2，并将与年俱增，40~50 年后将达到 500 kg/hm^2，按目前 30 元/kg 计算，年产值将由 3 000 元/hm^2提高到 15 000 元/hm^2。造林 5 400 hm^2，年产值达 1 620 万~8 100 万元。另外，随着松籽基地的建成，通过松籽加工将形成一个新兴产业，将极大程度地提高林业资源的利用率，增加林区人民的经济收入；有助于以短养长、兴林解困，振兴林区经济。

由于体制和历史原因，林区一方面存在大量基础设施老旧、不足等历史遗留问题；另一方面始终由于单一树种结构、单一产业结构，发展处于桎梏中，经济社会发展欠发达。多年来，林区在产业发展上进行了积极探索，但始终未能实现重大突破。西伯利亚红松的引种为产业发展拓展了途径，因其既可用于营建保水固土和生产松籽为主的生态经济林，又可用于营建木材战略储备和生产松籽为主的材果兼用林。其木材、坚果的巨大市场前景，无疑为林区发展森林经济、延长产业链提供了全新的选择和出路。突破生态经济兼用林和材果兼用林营建技术，对于林区产业发展必将起到积极的促进作用。引种西伯利亚红松，可以在全林区形成相对集群的坚果林，辅以全新的管理经营体制，必将为提高职工收入、改善民生水平带来全新的突破。以吉林林区为例，当地林农以承包东北红松、采集坚果的方式年收入可达万元。据现有资料表明，西伯利亚红松的经济价值远超东北红松，所以引种西伯利亚红松是可行性极强的“富民”项目。大兴安岭西伯利亚红松的扩繁及原生保护基地的建设，可为异地引种和基因保存提供研究平台；良种繁育基地的建设，有利于补偿生态建设过程中产生的不利因素，增加绿色 GDP 的核算值，推动地方经济的发展，为林区经济可持续发展提供重要保障，还有利于强化与国际及国内相关部门的合作交流，提高内蒙古大兴安岭林区的科技管理水平和研究水平；综合示范林的建设，能够加快人才培养，更好地为国家和内蒙古大兴安岭林区的林业生态建设提供科技支撑。

西伯利亚红松多样的生物学特性、优美的观赏性、丰富的林产品和林副产品及重大的生态经济效益，使引进并研究西伯利亚红松具有深远的历史意义。西伯利亚红松引种作为“十三五”规划的重要部分，遵循生态建设规律，科学搞好项目建设，对于改善林区人民生活水平，提高林区职工收入，调整森林结构具有重要意义，能快速实现生态效益、社会效益和经济效益的有机统一。

2.3 西伯利亚红松发现与引种

2.3.1 西伯利亚红松的发现

我国学者最早于 20 世纪 50 年代初在大兴安岭发现了西伯利亚红松，由于与红松极其相似，被误认为是红松，并称之为“漠河红松”。因大兴安岭树种过分单纯，漠河又处于其北缘，一向保持着我国最低温记录，“红松”的发现自然引发向大兴安岭引种的深思，并成为向大兴安岭全面引种红松的有力根据。1980 年，经对比研究又发现，“漠河红松”生长期竟与小兴安岭最好的红松林类型相当，加之在林区东南缘阿里河一带引种表现尚好，从而自然导出大兴安岭可以全面引进红松的结论，导致出现此后以红松为目标的频频引种。媒体曾以“红松在大兴安岭已引种成功”“已安家落户”进行过有关报道。

在如此一致深信的情况下，赵光仪教授等人基于对大兴安岭植物地理学的长期研究，在分布学说、限制因子理论和分类学“形态地理原则”的指导下，1980 年首先提出“漠河红松”很可能是西伯利亚红松。随之开始环大兴安岭做了为期90天，行程近万里的广泛调查，期间与家人失去联系，被怀疑失踪在茫茫林海间，历尽千辛万苦最终于1980年10月7日在鄂温克猎民帮助下，又在满归林区发现一片同类松树的新分布。之后发表了《大兴安岭西伯利亚红松研究》《西伯利亚红松在大兴安岭的存在》等一系列有关西伯利亚红松的论文。在传统分类学认为"标本不完全(无球果)""难于准确鉴定"的情况下，赵光仪教授等人基于现代分类学，通过对多种性状的比较分析，当年即证明"漠河红松"及后来发现的同类松树，并非红松，是西伯利亚红松在大兴安岭分布的新纪录，并查明天然红松从未进入大兴安岭，其西北限约止于爱辉胜山，较传统记述约缩后500 km，从此开启了有关西伯利亚红松的生物学、生态地理学以及林学特征的研究。

1981年发表的《关于西伯利亚红松在大兴安岭的分布以我国红松西北限的探讨》等5篇报道，完全肯定地否认了红松在大兴安岭有零星分布的记述，并提出在大兴安岭引种西伯利亚红松的设想。但因有学者对上述结论提出否定，认为这些松树"针叶构造虽有变化，并不稳定，均属红松的种内变异范畴"，称此树"均属红松误指"，因此引种被搁置。进一步的调查、研究与争论持续9年。这期间赵光仪教授等人曾先后赴大、小兴安岭、长白山，直至新疆喀纳斯西伯利亚红松自然保护区调查采集，并在吴中伦、李正理先生帮助下，反复进行了显微切片观察及电镜扫描研究，又分别于1984、1989年发表《中国大兴安岭新记录松树 *Pinus sibirica*》《大兴安岭西伯利亚红松及其形态学研究》等进行补充论证。复于1989年秋在满归采到球果，经与两种松树分布中心的标本对照研究，终于取得最后突破。

此外，大兴安岭引种的红松林经常受晚霜的危害。内蒙古满归林业局以带岭红松为对照进行的不同种群西伯利亚红松引种育苗试验，苗木达到了前苏联和黑龙江省有关苗木分级标准，而且西伯利亚红松优于对照。长白山高寒地区引种西伯利亚红松和红松的比较显示，红松在海拔1 300 m处植苗成活率仅为25.5%，生长量几乎为零，在海拔1 500 m处成活率为11.5%，生长状况极差；而西伯利亚红松在1 300 m成活率达93.8%，在海拔1 450 m的山地苔原土条件下成活率为89.9%，且生长良好。2015年阿龙山也遭受一次大的晚霜，使该地从吉林汪清购买的大量五年生西伯利亚红松苗和部分东北红松苗遭受重创，但秋季造林时发现这些西伯利亚红松仍长势良好，而东北红松则全部死亡，这说明我国东北地区的红松很难引种到大兴安岭。

2.3.2 西伯利亚红松引种

(1)气候基础

气候相似性是引种的基础，西伯利亚红松现代分布范围属大陆性气候，按湿度，明显地分为东、西两区。西区，因乌拉尔山较矮，大西洋气团可直到中西伯利亚高原西部，大陆性较和缓，年降水一般在500或600 mm以上，该树种常集中连片形成显域植被。特别是在阿尔泰山、萨彦岭北部及托木斯克一带，生态最适，年降水600 mm以上，≥10℃积温1 600～1 800℃，可见Ⅰ地位林分。东区，深居内陆，东、西两洋气团皆成强弩之末，降水已减至300～400 mm(南后贝加尔甚至不足300 mm)。但该树种通过地形选择，面积仍有$300\times10^4\sim400\times10^4$ hm^2。甚至典型内陆国蒙古，也还有$100\times10^4hm^2$的生长区域，可见西伯利亚红松是具有一定抗旱能力的树种。

我国大兴安岭西坡，虽属季风气候，年降水仍可达340～380 mm，已较蒙古及南后贝加尔略好，并发现该树种散生树。东坡、岭脊因季风影响，降水益增，呼中(489.5 mm)、新林(493.4 mm)、阿里河(493 mm)已与其天然分布西区接近，但未见该树种分布，说明仅是现代气候的影响。

据历史植物地理学考证，西伯利亚红松属第三纪孑遗植物，冰期在亚洲避难于阿尔泰山前地带(约90°E)，冰期后开始扩张，目前仍在扩张中。由阿尔泰向西，受大西洋暖流的影响，温度适宜，扩张较快，已于中全新纪(距今约2 500—7 700年)越过乌拉尔进入欧洲，现已伸展至东欧约49°40′E的维切格达下游平原；向东，气候日渐严酷，只能通过地形选择，跳跃式前进。在北方，因山体连续，冰期后不过万余年，这个大种粒树从阿尔泰至陶冒特(127°20′E，较十八站偏东2°)传播距离2 400 km。大兴安岭，或因南后贝加尔草原阻隔来势较迟。但今日其散生树已在西北隅找到适宜生境，1980年发现于漠河及满归林业局北岸林场的西伯利亚红松散生树，约有60余株，最大树龄现约80余年，树势旺盛，生长正常。漠河、满归地处大兴安岭西北隅，那里西伯利亚冷空气来势最强、最早；太平洋的暖湿气团来势最迟、最弱。80年林龄，对红松人工林已相当于一个轮伐期，天然西伯利亚红松能在这里经受80余年考验而生长不衰，如果它进入条件更好的东坡，前景显然应该更加乐观。前苏联1991年报道表明，在与大兴安岭十八站隔江相望的切列诺耶沃，20余年前由贝加尔引来的该树已结实4次。

(2)研究实践

自1996年开展西伯利亚红松引种试验以来，内蒙古大兴安岭林区就与东北林业大学、黑龙江省林业科学研究院、俄罗斯莫斯科科学院西伯利亚分院生态监测研究室、托木斯克州卡尔泰实验局及其西伯利亚红松种子园等国内外科研院所、专家学者，建立起很好的科研和国际间生产协作关系。通过东北林业大学赵光仪、赵垦田、张含国等知名教授的指点和联络，先后4次到赤塔的黑洛克和托木斯克的卡尔泰实验局种子园采摘和调运西伯利亚红松优良穗条约5万株、种子近3 t，有力地推动了我国西伯利亚红松研究进程，保证了采穗圃和良种基地建设所需的物质、技术和人才条件，并建立和保持了很好的友谊；西伯利亚分院生态监测研究室的多位森林生态专家、植物病理和种苗培育专家和卡尔泰实验局的斯维特兰娜、沙夫丘克、谢尔盖及皮纳耶夫等也专程来我林区进行讲学、科学考察等活动，并对阿里河林业局的西伯利亚红松种苗培育和造林定植等研究给予了极高的评价。这些都有利地促进了未来我林区进一步开展西伯利亚红松研究，维持了更加亲密、友好的国际关系，为引进穗条、种子、交流考察、推进技术共享和加强人才培养开启了方便之门。几乎每年生产期间，东北林业大学的赵光仪、何炳章、张含国教授和黑龙江省林业科学研究院的张海庭教授都来到林区，指导工程技术人员进行种穗贮藏和生产前处理、种子播育和田间管理、同异砧嫁接及苗木定植等工作，为林区在西伯利亚红松研究的管理和技术创新上积累了人才、总结了经验，培养了一大批技术管理干部和科研人员，搭建了足够的知识结构和交流空间。林区森林经营主管处室、科研单位与各林业局生产单位因西伯利亚红松的引进也加强了合作、密切了联络，构成了彼此协调、同步推进的积极局面。

目前，造林面积累计已达3万余亩，试验林初具规模的地方有塔河、新林、西林吉、松岭、满归、阿龙山、阿里河、大海林、汪清等地区。新林林业局是此项试验的重要协作单位。前期实验结果表明，在我国高寒林区引种西伯利亚红松基本没有冻害，也没有严重的病、虫、鼠、风、旱等自然灾害，而且生长比较快。10年生幼树一般在1.5 m以上(塔河造林14年已见4.15 m高幼树)。综上所述，在大兴安岭等红松不能生长的高寒地区，西伯利亚红松不仅能正常生长，而且生长量不亚于温带(小兴安岭)的人工红松，且长势旺盛。

贺恩等对西伯利亚红松部分种群的引种苗期试验研究表明，西伯利亚红松苗木地径快速生长从第4年开始，苗高快速生长期从第5年开始。山地阿尔泰、托木斯克洲、新西伯利亚种群除海拔600 m的山地阿尔泰外，其他种群的西伯利亚红松生长量均大于带岭红松。满归林区海拔1 600 m以上，采取适当技术措施，西伯利亚红松苗大部分可以上山正常生长，尤其以赤塔苗生长力最为旺盛，显示出极强的适应力和抗逆性，预示了其广阔的潜在引种前景。大兴安岭地区新林1992年也开始对西伯利亚红松进行引种试验。

新疆林业科学院等对西伯利亚红松嫁接引种及生长规律进行研究试验表明，嫁接苗生长迅速，平均年高生长为原产地的3倍，且耐寒、抗旱、耐高温。油松、樟子松和西伯利亚红松亲缘关系相对较远，但作为砧木能与接穗形成共同的年轮，十多年来一直呈快速生长趋势，共培育2 000余株，未发现死亡。

马成恩等在伊春地区引种西伯利亚红松进行了初步试验研究，西伯利亚红松在伊春地区的生长比较稳定，表明该树种适合小兴安岭的自然条件。与原产地比较，无论苗高、径平均值或年生长量，在该地区的生长情况均好于原产地。

东北林业大学从俄罗斯各地收集15个种群(新西伯利亚、阿巴干、伊尔库茨克、赤塔、托木斯克等)的种子和结实量大且高产的种群，通过进行发芽实验、种子形态测定、生命力测定，然后混沙、窖藏、催芽，并将各个种群记录发放到各个实验点(阿里河、帽儿山、大海林)进行育苗。东北林业大学还与俄罗斯科学院西伯利亚分院森林综合所合作，于2002年4月从该研究所引进接穗3 000个，分别在大海林、阿里河嫁接，嫁接成活率高低不等，阿里河更好一些，且其部分嫁接苗年生长量可达20 cm。

经过几十年的试验论证，证明了西伯利亚红松是大兴安岭引种的最佳选择。我国关于西伯利亚红松的引种试验范围包括大兴安岭、长白山、张广才岭、松嫩平原以及新疆北部地区等。经过实验观察和论证均获得成功。

2.4 西伯利亚红松研究基础

2.4.1 国外研究现状与趋势

俄罗斯长期以来一直对西伯利亚红松的引种、经营及利用技术非常重视，有关西伯利亚红松的引种、造林及培育技术的研究可追溯到400年前，有关西伯利亚红松的资料亦十分丰富。19 世纪后半叶，俄罗斯就有以欧洲赤松为砧木嫁接树木的报道，并获得球果，从而开展了一系列嫁接活动，为增加抗性、扩大栽培，开辟了新的途径。前苏联森林育种研究所于 20 世纪 70 年代在阿尔泰等地，以结实枝条多、松籽产量高为标准，选取出优树 180 余株，以其枝条嫁接，开展一系列营造坚果林的试验，摸索出以"大龄砧嫁接"为主要内容的坚果林快速营建技术。如今俄罗斯科学院已成功地营建以坚果优树组成的无性系坚果园，并筛选出西伯利亚红松高产大果型的无性系，该无性系比其他高产的无性系结实提高 24%~42%，并采用高枝嫁接建立无性系坚果园 70.5 hm^2，这些无性系有 70% 的植株已开始结实，每公顷产种子 150 kg。

近年来，俄罗斯对西伯利亚红松遗传育种技术研究亦给予了重视，在西伯利亚红松杂交育种、良种繁育、优树选择技术方面取得了一定的成果。针对西伯利亚红松遗传育种和良种繁育在造林生产中的重要问题，建立了统一的遗传育种联合体，其中包括杂交种子园、林木种子园、固定林木种子基地、优树子代测定试验林和优良林分等，并在种源研究的基础上，进行了全面的种群区划研究，以划分种子调拨区，为种源选择、种子调拨提出依据。西伯利亚红松遗传育种研究主要包括常规育种和诱变育种研究。其中常规育种主要包括以下三个方面的研究。

(1)杂交育种研究

其育种目标是选择速生、种子高产、松脂含量高的新品种，并开展了西伯利亚红松种内与种间杂交试验。用于和西伯利亚红松进行种间杂交的树种有红松、瑞士五针松(*Pinus cembra*)、白皮松(*Pinus bungeana*)、西藏白皮松(*Pinus gerardiana*)、意大利五针松(*Pinus pinea*)、沙滨松(*Pinus sabinina*)等，同时采取相应措施以硼酸和赤霉素处理花粉弱化大孢子叶球，以及利用混合花粉杂交等。通过杂交可看出不同树种之间独特的选择性，一些树种是与近缘种(瑞士五针松、红松)杂交时形成杂种，而另一些是与亲缘较远的种(白皮松、意大利五针松)形成杂种，正交和反交得到两种不同的结果。为获得杂种优势，有人建议用遗传型距离远的亲本植株杂交，以及在地理起源远的类型间杂交，获得了良好的效果，在莫斯科州伊万捷耶夫林木苗圃和扎各尔斯克林场已经建立了杂种树木种子园。

(2)西伯利亚红松良种繁育

俄罗斯将西伯利亚红松、红松进行了种群区划研究，建立了统一的遗传育种联合体，其中包括林木种子园，杂交种子园，固定林木种子基地，优良林分，优树子代测定试验林等。为了获得遗传上有价值的种子而进行种群的育种学评价，可依据树干和种子的生产力指标、松脂的产量以及光合物质的积累程度等对其评价。根据生长速度和木材质量选择优良林分和优树。

(3)优树选择及子代测定

俄罗斯对克拉斯诺雅尔斯克边区、哈卡萨、新西伯利亚、伊尔库茨克、克麦罗夫斯克、托木斯克和赤塔州及图瓦共和国等地的西伯利亚红松，根据表型变异特征进行优树选择，分析在特定气候条件下的优树及其子代的变异关系，具体地划分出速生类型和种子高产类型，为营建林木种子园提供保障。甚至培育出专门的坚果、用材、生态效应的种子园。

在诱变育种方面主要是通过化学诱变和物理方法进行突变研究，用X射线诱变的方法得到的突变体，通过对突变苗木生长过程及生活力的影响进行研究的试验结果表明，多数个体生长不良，有的个体表现好的性状和生命力。此外，还研制出了针叶在木拉西格和斯库夏培养基上进行组织培养的繁殖工艺。

2.4.2 我国研究现状与趋势

我国引种西伯利亚红松始于20世纪90年代，经过多年的研究和造林、营林生产实践，取得了一些技术成果。2004年，延边林业集团汪清林业有限公司对西伯利亚红松育苗与营造林技术进行了研究，对西伯利亚红松苗期、幼苗期生长性状进行了观测，并对多性状进行了综合评定和遗传变异分析，筛选出综合性状表现最好的作为种源，确定出西伯利亚红松的适生范围，并提出适应于该地区的西伯利亚红松种子的处理、苗圃地的选择及播种、造林地选择及造林技术，进行了成果登记。同年，黑龙江省大海林林业局对西伯利亚红松引种进行了研究，并进行了成果登记。该项目针对大海林地区地势较高，寒温性森林比重偏大，大量采伐迹地更新困难等实际问题，引进生产俄罗斯的优良树种西伯利亚红松，以达到改良树种加快更新的目的。该技术试验突破了初选试验与立地差试验分二步走的常规程序，于1994年成功培育出包括6个种源66个优良家系的约2万余株合格苗木。1995—1997年，在跨越三个垂直地带的12块试验地上，定植了以立地差对比为主的试验材近万亩。此外，近年来，我国林业相关研究技术人员从多个层面上对西伯利亚红松引种和应用技术进行了大量的研究，其成果多见于各类学术论文中。2004年，高纯等人对西伯利亚红松的催芽技术进行了研究，并提出混沙窑藏法和雪藏法两种催芽方法。杜尧社等在新疆海拔为 1 461m 的布尔津林场对西伯利亚红松培育进行了研究，提出一套由种子采集、种子处理、播种时间和播种地的处理、播种技术、苗木出土前后的管理构成的较为完整的西伯利亚红松播种育苗技术。2012 年高延(吉林省汪清林业局)等通过对西伯利亚红松 3 个种源与当地红松高生长量的比较，分析在长白山系汪清林区内不同种源西伯利亚红松与当地红松的生长差异，确定了托木斯克州种源适合在本地区大面积推广，经 11 年研究，初步掌握了该树种幼年期生长规律，提出一套西伯利亚红松造林技术。2012 年刘贵森等依托该地区西伯利亚红松引种成果，对西伯利亚红松开展了该树种异砧嫁接营建坚果林的研究，并提出较为成熟的西伯利亚红松异砧嫁接快速营建坚果林技术，其嫁接成活率高达 96%。2013 年，张树龙等从西伯利亚红松引种的认识、人工抚育理念及具体措施三个层面，对大兴安岭北坡地区 10 多年来人工引种、抚育西伯利亚红松经验和相关技术进行了总结。

内蒙古大兴安岭林管局科研项目“西伯利亚红松引种试验研究”于 1996 年通过林管局科技处成果鉴定；内蒙古大兴安岭林管局科研项目“西伯利亚红松引种试验(造林阶段)”于 2000 年通过林管局科技处成果鉴定；内蒙古大兴安岭林管局科研项目“西伯利亚红松优良种质资源引进”被国家林业局认定为重点科技项目成果。

十余年间，西伯利亚红松引种过程中取得了可喜的科研成果。《西伯利亚红松引种初探》一文获内蒙古自治区林学会优秀论文三等奖；《西伯利亚红松在阿里河地区嫁接情况的探讨》一文获东北与内蒙古林区林木遗传育种研究会、黑龙江省林学会林木遗传育种专业委员会第五届年会暨学术研讨会优秀论文；《西伯利亚红松优良种质资源引进》课题中的“西伯利亚红松育苗技术”，被国家林业局认定为重点科技项目成果；《预防西伯利亚红松穗条嫁接切口感染病害》QC(全面质量管理)成果获内蒙森工集团 QC 成果优秀奖；《提高西伯利亚红松嫁接成活率》QC 成果获内蒙古自治区社会保障厅 QC 成果发布 2002 年优秀奖，并获得劳动与社会保障部 2003 年 QC 成果二等奖。阿龙山《利用二维码技术管理林区珍贵树种》QC 成果获内蒙古自治区 2014 年质量科技成果一等奖。

西伯利亚红松相关科研工作受到国家的高度重视，相关选优工作早已开始，并且种子园已成规模。俄罗斯托木斯克州西伯利亚红松种子园与东北林业大学及阿里河林业局一直保持着学术交流，曾先后两次来林区参观指导，对阿里河在西伯利亚红松引种工作及取得的成绩给予了高度的评价。国内从20世纪90年代开始进行引种试验，并获得成功，目前黑龙江、内蒙古等地有小面积试验林，阿龙山在2016年、2017年进行了大规模育苗生产。

2.4.3 大兴安岭研究基础

1990年，东北林业大学赵光仪教授在阿龙山林业局开始引进种子并育苗造林，从1994年容器苗上山定植以来，长势良好。据2010、2011年调查数据表明，塔朗空施业区41号林班，存活1 700株，树高最高3.8 m、最低0.7 m，地径最大7 cm、最小1 cm，当年生长最高为70 cm。阿龙山施业区8林班，存活3 400多株，树高最高4.5 m、最低1 m，地径最大9 cm、最小1.2 cm，当年生长最高为110 cm。另外，1999年造林的阿龙山施业区91林班，面积约5 hm^2，存活约2 000株，树高最高70 m、最低30 m。自2012年营林科成立以来，加强了对西伯利亚红松的管理，对西伯利亚红松进行逐株测定，建立了双重"身份证"，并做二维码保护，使西伯利亚红松在信息化管理中健康成长。目前，阿龙山累计造林面积已达3 000余亩，前期实验结果表明，在我国高寒林区引种西伯利亚红松基本没有冻害，也没有严重的病、虫、鼠、风、旱等自然灾害，而且生长比较快，10年生幼树一般在1.5 m以上。

1996年，东北林业大学与阿里河林业局开展相关技术合作，1999年建立西伯利亚红松采穗圃。其中，无性系采穗区面积240亩，现有成活西伯利亚红松430株，最粗胸径12 cm，树高8.6m，林龄13年，2008年开始结实。在2002—2007年间，在樟子松砧木上嫁接1000余株西伯利亚红松，成活率90%以上，现平均株高已超过2 m。

满归林业局自1992年开始西伯利亚红松繁育以来，现有西伯利亚红松16 711株，嫁接成活1 319株。1992年在文体中心院内种植的111株西伯利亚红松，现在平均高度为5.5 m，平均胸径为7 cm；2003年嫁接的45株西伯利亚红松，成活38株；2004年用西伯利亚红松苗木在林冠下进行造林135亩，现存活10 800株，平均高度为40 cm，生长状况良好；2013年嫁接1 302株，成活1 281株。苗圃贮备西伯利亚红松苗木5 800株。其中，2004年种植的西伯利亚红松苗木2 900株，苗高60 cm，生长状况良好；2006年种植的西伯利亚红松苗木2 900株，苗高30 cm，生长状况一般。

2005年经国家批复立项，2009年开始营建西伯利亚红松良种基地，地点位于阿里河林业局兴阿林场133 林班，面积 70 hm^2，其中初级无性系种子园区 20 hm^2，子代测定林 8 hm^2、基因资源收集区 10 hm^2、试验区 5 hm^2、良种示范区 5 hm^2、初级无性系坚果园 5 hm^2、花粉林 5 hm^2，2013 年建设完成。除初级无性系种子园完全符合标准外，其他小区尚需按照标准进行完善。

考虑到种条的品质，该项目中所需穗条皆从托木斯克的卡尔泰实验局种子园引进或在赤塔黑洛克的伐区中选择。因为卡尔泰实验局种子园已成型七十多年，经过几代的测定、选优后建立起来，穗条粗壮、愈合迅速、生长旺盛，性状稳定。通过采摘这样的穗条回来嫁接，可以保证成活数量；也可在赤塔黑洛克的伐区中选择健壮、无病疫的高大西伯利亚红松树冠上部 1/3 偏雌枝条，因为赤塔与大兴安岭林区在地缘上更接近，相对而言穗条更容易成活。引进种子也尽可能用赤塔的种源。原有的引种经验表明，引进赤塔种穗均比其他成活良好。

截至 2006 年年底，共引进 8 个种源，产苗 20 余万株。苗木一部分用于造林，一部分用作砧木和营造子代测定林；西伯利亚红松的造林对比试验也开始于 1996 年，共造林 239. 4 亩，造林点依据阿里河具有代表性的各种气候条件而定，分别选在伊山、阿里河、阿南、西棱梯、齐奇岭等施业区。目前苗木生长良好，最高已达 2 m 多；2000 年，西伯利亚红松嫁接工作在东北林业大学专家的指导下正式开始，先后从俄罗斯、满归、伊春等国家和地区引进接穗 6 345株，共 130 个无性系，选育出适合当地生长的优良无性系。经过各级各部门的共同努力，西伯利亚红松种子园从2006 年开始建设，5 名同志亲赴俄罗斯托木斯克洲实验局种子园采集优良接穗 12 000 株，共 88 个无性系，通过多种嫁接方法共嫁接出 18 901 株，使穗条得到充分的利用，同时又嫁接满归、阿尔泰自采接穗 521 株，成活率达 88. 2%，创造出引进接穗嫁接成活率的新高，使种子园建立首战告捷。2006 年 4 月，从黑龙江大海林引进与嫁接的 88 个无性相匹配的 4~5 年生西伯利亚红松实生苗 15 000 株，以便营造和种子园建设所用的无性系相对应的子代测定林，2011 年完成良种基地的建设任务。2016 年阿龙山在新疆阿尔泰采接穗 2 000 株，2017 年采 2 万株，为当年成活 75% 以上。

经过近二十年的实践探索，引进西伯利亚红松项目已经取得一定成功经验，突破生态林营造技术对林区生态建设必将起到积极的推动作用。

3　西伯利亚红松的生物学特性

西伯利亚红松与红松拥有极其相近的生物学特性，结合前苏联学者的研究资料，从以下四个方面进行简要阐述。

3.1　寿命长

所有红松类树种都有寿命长的特点，西伯利亚红松也不例外。无论是单株立木(500~800 年，甚至更长)，还是整个林分(350~420 年)，寿命都很长。在现有的西伯利亚林分中，成过熟林面积达 61%，多数林木皆在 200 年以上。在托木斯克州曾发现 7 hm^2 老龄林，平均树龄 400 年，有的甚至超过了 500 年；在立地条件好的地方，单株立木甚至可以达到 800 年。由于寿命很长，使其在演替过程中，有可能先受短寿命的先锋树种——山杨和白桦、一代云杉和冷杉的压制，然后才逐渐在群落中占据优势，形成上层林冠。西伯利亚红松主要林层遭受破坏，通常开始于 250~300 年。这是由于粗大的西伯利亚红松树干、树根因衰老被真菌寄生，木材力学性质降低，导致风折、风倒。

3.2　生长先慢后快

西伯利亚红松与红松的生长速度很相似，早期生长慢，其 3 年生幼苗在较好的立地条件下高度很少能达到 10 cm，在抚育跟不上的情况下甚至需要 5~8 年才能达到此高度，所以建议造林使用不少于 3 年生的苗。壮龄后生长速度明显加快，而且持续不衰，后劲十足，从而可形成罕见的大径级材。

论生产能力，西伯利亚红松超过大多数泰加林的其他成林树种，有的甚至跟落叶松差不多。根据生长过程表(表 3-1)分析发现，当西伯利亚红松林达到数量成熟龄(160～180 年)时，Ⅰ～Ⅱ地位级活立木蓄积量可达 550～700 m^3/hm^2，即使Ⅳ地位级也可分别达到 440 m^3/hm^2 和 2.5 m^3/hm^2。

在天然泰加林地带，处于暗针叶树(云、冷杉)林冠下、20 年生的西伯利亚红松幼树，树高很少超过 30 cm，在明亮针叶树(樟子松、落叶松)林冠下，也只有 60～90 cm。

虽然西伯利亚红松人工林生长明显高于天然林，但生长速度也相对较慢。如在西伯利亚森林草原北部的生草灰化的轻砂质土壤上，14 年生的西伯利亚红松人工林平均高为 222 cm，年平均生长也仅为 15 cm 左右。

表 3-1　西伯利亚红松林分生长过程

hm^2

地位级	林龄(a)	平均树高(m)	平均直径(cm)	断面积(cm^2)	立木株树	形数	蓄积量(m^3)	生长量(m^2)		自然死亡		总生长量(m^3)		
								平均生长量	连年生长量	株数	累积蓄积量	总量	平均生长量	连年生长量
地位级Ⅰ	40	10.3	9.1	11.7	1 800	0.645	77	1.9	—	—	—	77	1.93	—
	60	14.5	15.4	19.5	1 048	0.567	160	2.7	4.14	752	10	170	2.83	4.65
	80	18.2	24.7	30.9	646	0.531	299	3.7	6.93	402	32	331	4.14	8.05
	100	21.4	32.0	38.4	478	0.503	413	4.1	5.73	168	58	471	4.71	7.00
	120	24.1	38.9	44.8	378	0.482	520	4.3	5.36	100	92	612	5.10	7.05
	140	26.5	45.0	50.1	315	0.467	622	4.4	5.07	63	132	754	5.39	7.00
	160	28.4	50.0	53.9	275	0.460	703	4.4	4.09	40	174	877	5.48	6.15
	180	30.1	54.5	56.9	244	0.453	774	4.3	3.54	31	223	997	5.54	6.00
	200	31.5	58.2	59.0	222	0.446	826	4.1	2.61	22	272	1 098	5.49	5.05
	220	32.5	61.1	59.9	204	0.442	859	3.9	1.65	18	326	1 185	5.39	4.35
	240	33.4	63.8	60.5	189	0.434	877	3.7	0.88	15	383	1 260	5.25	3.75
地位级Ⅱ	40	8.4	7.2	11.1	2 728	0.657	61	1.5	—	—	—	61	1.53	—
	60	12.2	12.3	18.5	1 561	0.578	130	2.2	3.43	1 167	8	138	2.30	3.85
	80	15.5	19.7	29.4	965	0.541	247	3.1	5.86	596	26	273	3.41	6.70
	100	18.4	25.6	36.5	710	0.512	343	3.4	4.82	255	48	391	3.91	5.90
	120	21.0	31.1	42.6	561	0.491	439	3.7	4.78	149	76	515	4.29	6.20
	140	23.2	36.0	47.6	468	0.476	524	3.7	4.25	93	110	634	4.53	5.95
	160	25.0	40.0	51.2	408	0.468	599	3.7	3.76	60	146	745	4.66	5.55
	180	26.6	43.6	54.1	362	0.461	665	3.7	3.30	46	188	853	4.74	5.40
	200	27.9	46.6	56.1	392	0.454	712	3.6	2.35	33	231	943	4.72	4.50
	220	28.9	48.8	56.9	304	0.450	740	3.4	1.38	25	274	1 014	4.61	3.55
	240	29.7	51.0	57.4	281	0.442	753	3.1	0.65	23	324	1 077	4.49	3.15

（续）

地位级	林龄（a）	平均树高（m）	平均直径（cm）	断面积（cm²）	立木株树	形数	蓄积量（m³）	生长量（m²）		自然死亡		总生长量（m³）		
								平均生长量	连年生长量	株数	累积蓄积量	总量	平均生长量	连年生长量
地位级Ⅲ	40	6.9	4.1	7.1	5 413	0.690	34	0.8	—	—	—	34	0.85	—
	60	10.2	7.6	12.4	2 740	0.604	77	1.3	2.15	2 673	9	86	1.43	2.60
	80	13.2	13.6	23.7	1 629	0.563	175	2.2	4.90	1 111	26	201	2.51	5.75
	100	15.8	18.4	30.8	1 158	0.531	258	2.6	4.17	471	48	306	3.06	5.25
	120	18.1	23.3	37.5	881	0.506	344	2.9	4.26	277	76	420	3.50	5.70
	140	20.1	27.5	43.2	728	0.498	424	3.0	4.00	153	104	528	3.77	5.40
	160	21.8	31.0	47.4	628	0.479	495	3.1	3.59	100	133	628	3.93	5.00
	180	23.3	34.1	50.7	556	0.471	558	3.1	3.13	72	166	724	4.02	4.80
	200	24.4	36.8	53.0	498	0.463	599	3.0	2.00	58	204	803	4.02	3.95
	220	25.4	38.8	53.8	455	0.457	624	2.8	1.27	43	242	866	3.94	3.15
	240	26.1	40.7	54.4	418	0.449	537	2.7	0.63	37	284	921	3.84	2.75
地位级Ⅳ	40	5.4	3.3	6.4	7 508	0.708	24	0.6	—	—	—	24	0.60	—
	60	8.3	6.2	11.2	3 714	0.620	57	1.0	1.64	3 794	7	64	1.07	2.00
	80	11.0	11.1	21.4	2 208	0.578	136	1.7	3.92	1 506	20	156	2.00	4.60
	100	13.4	15.0	27.8	1 573	0.545	203	2.0	3.36	635	37	240	2.74	4.20
	120	15.5	18.9	33.9	1 209	0.519	271	2.2	3.42	346	58	329	3.00	4.45
	140	17.3	22.3	39.0	1 000	0.502	340	2.4	3.42	209	80	420	3.13	4.55
	160	18.8	25.2	42.8	859	0.492	396	2.5	2.82	141	104	500	3.19	4.00
	180	20.1	27.7	45.8	760	0.484	444	2.5	2.42	99	130	574	3.19	3.70
	200	21.1	29.9	47.9	682	0.475	478	2.4	1.72	78	160	638	3.15	3.20
	220	21.9	31.6	48.6	620	0.469	500	2.3	1.10	62	192	692	2.42	2.70
	240	22.4	33.1	49.1	571	0.461	506	2.1	0.29	49	225	731	3.05	1.95
地位级Ⅴ	40	4.1	1.8	3.3	130	0.738	10	0.25	—	—	—	10	0.25	—
	60	6.5	3.8	6.3	2 655	0.646	26	0.44	0.83	7 526	6	32	0.53	1.10
	80	8.8	8.0	15.8	3 154	0.602	84	1.05	2.88	2 346	17	101	1.26	3.45
	100	10.9	11.3	21.7	2 174	0.568	135	1.35	2.55	980	31	166	1.66	3.25
	120	12.8	14.8	27.8	1 616	0.541	192	1.60	2.85	558	49	241	2.01	3.75
	140	14.4	17.9	33.0	1311	0.523	247	1.77	2.80	305	67	314	2.24	3.65
	160	15.9	20.5	36.8	1 115	0.513	296	1.85	2.45	196	86	382	2.39	3.40
	180	16.8	22.8	39.9	978	0.504	339	1.88	2.15	137	106	45	2.47	3.15
	200	17.6	24.8	41.9	868	0.495	365	1.82	1.28	110	128	493	2.47	2.40
	220	18.3	26.3	42.5	783	0.489	381	1.73	0.80	85	152	533	2.42	2.00
	240	18.7	27.7	43.1	715	0.480	388	1.62	0.36	68	177	565	2.35	1.6

（续）

地位级	林龄（a）	平均树高（m）	平均直径（cm）	断面积（cm^2）	立木株树	形数	蓄积量（m^3）	生长量（m^2）		自然死亡		总生长量（m^3）		
								平均生长量	连年生长量	株数	累积蓄积量	总量	平均生长量	连年生长量
地位级Ⅵ	60	4.7	2.2	2.6	6 615	0.695	9	0.14	—	—	—	9	0.15	—
	80	6.6	5.6	10.9	4 434	0.646	47	0.59	1.92	2181	4	51	0.64	2.10
	100	8.4	8.5	16.0	2 820	0.605	82	0.87	1.73	1614	14	96	0.96	2.25
	120	10.0	11.2	21.4	2 063	0.573	122	1.12	2.03	757	26	148	1.23	2.60
	140	11.4	14.5	26.2	1 653	0.552	165	1.18	2.14	410	38	203	1.45	2.75
	160	12.6	16.5	29.7	1 390	0.540	202	1.26	1.86	263	52	254	1.59	2.55
	180	13.6	18.8	32.6	1 212	0.529	234	1.30	1.62	178	66	300	1.67	2.30
	200	14.3	20.8	34.4	1 074	0.519	255	1.27	1.01	138	82	337	1.69	1.85
	220	14.8	21.3	34.9	954	0.511	265	1.21	0.55	120	101	366	1.66	1.45
	240	15.2	22.7	35.4	861	0.500	269	1.12	0.20	93	121	390	1.63	1.20

尽管西伯利亚红松早期生长缓慢，但其长大成材并不需要很长的时间，经过生长缓慢的短暂幼年期（初生阶段）之后，即开始快速生长，且旺盛生长的时期很长，持久不衰。这个时期从高生长分析，一般10~20年后进入快速生长期。若光照、水分、温度、营养状况都达到最适条件，从4~6年开始，西伯利亚红松的高生长强烈加快，最多时一年可长高70 cm。材积的连年生长量一般在80年后达到最高。Ⅰ、Ⅲ地位级可接近5~7 m^2/hm^2。人工林进入速生期的时间更早。据资料记载，在西伯利亚南部草原地带，前7年平均高1.5~4.5 cm；7~13年为15~20 cm，13年后达到20 cm以上。根据西萨彦岭高原栽植种源试验林的资料记载，13年生西伯利亚红松平均树高132 cm（102~163 cm），年均高生长10 cm；至17年时可达260 cm（182~304 cm），4年间平均高生长42.1 cm，2年后长到53.8 cm，年均高生长达58.5 cm。从这个角度看，西伯利亚红松并不是生长很慢的树种。其生长特点应该是先慢后快，生长期持续时间长。这些特点与红松很相似，而且前100年生长还比红松略快（表3-2）。

在同一林分，随着年龄的增长，西伯利亚红松林的地位级可以由低变高，而且有时可高出2~3级，在中、幼龄林所看到的地位级并非是一成不变的。

在条件适宜时，虽然西伯利亚红松前10年即可开始快速生长；但在条件不利时，特别是受压严重时，快速生长期的到来会大大推迟，有时甚至推迟到100a，由于受压其数量成熟龄可再推迟40~70年。这说明西伯利亚红松生长的初生阶段缓慢，表现出的较强耐阴性，使其在暗针叶林中可以继续生存下去。

在前5~7年(甚至在最适条件下)高生长很慢，是所有红松类树种表现出一种典型的性状。它促成多种红松林类型在采伐迹地和火烧迹地上的树种更替现象。同时，高度的耐阴性和特别长的寿命，对西伯利亚红松逐渐更新有益。

表3-2 红松生长过程表

林龄(a)	平均树高(m)	平均直径(cm)	断面积(cm^2)	立木株树	形数	蓄积量(m^3)	生长量(m^2)		自然死亡		总生长量(m^3)		
							平均生长量	连年生长量	株数	累积蓄积量	总量	平均生长量	连年生长量
40	5.8	5.1	11.2	5 490	0.752	49	1.2	—	1 843	7	56	1.4	—
60	10.2	9.9	23.2	3 031	0.635	150	2.5	5.5	1 034	52	202	3.4	8.3
80	14.5	15.5	33.9	1 797	0.569	279	3.5	6.7	497	139	415	5.2	11.3
100	18.4	21.5	42.9	1 181	0.525	415	4.2	6.6	262	245	660	6.6	12.3
120	21.7	27.4	49.1	833	0.469	529	4.4	5.2	159	368	897	7.5	11.7
140	24.4	33.2	52.7	609	0.478	615	4.4	4.1	100	501	1 116	8.0	10.8
160	26.7	38.6	55.4	473	0.465	688	4.3	3.5	60	622	1 310	8.2	9.4
180	28.6	43.3	57.5	391	0.456	750	4.2	3.0	37	723	1 473	8.2	7.9
200	30.2	47.5	59.1	334	0.449	802	4.0	2.4	27	813	1 615	8.1	6.9
220	31.5	54.2	60.2	292	0.444	842	3.8	1.9	20	895	1 737	7.9	6.0

注：引自林业部调查规划设计院，1988。

3.3 浅根性和不定根

生长于极其不利土壤上的西伯利亚红松常形成很发达的根系，但其根系也如红松一样，多是侧根发达，主根较浅，只有在排水良好、机械组成很轻的土壤上才形成强大的主根。这种情况多见于南方天然分布区或单独生长于山地的孤立木，也许会由此错误地认为西伯利亚红松是高度抗风的树种，实际上并非总是如此。风倒在红松林中，特别是过湿的、老龄的林分中和选留的孤立的母树林里经常发生。在这样的条件下，西伯利亚红松常常会产生不定根。在沼泽地中，不定根的发生尤为常见。

3.4 繁殖特征

西伯利亚红松中存在着罕见的“自接现象”，它是由西伯利亚红松种子掉进其他树木的树洞和裂缝中产生的。

20 世纪 70 年代，在乌克兰已经成功地将西伯利亚红松的接穗嫁接到其他西伯利亚红松或欧洲赤松的砧木上，这一技术在苏联已被应用于引种和良种繁育工作上。

根据这些特点和产生不定根的能力，西伯利亚红松营养繁殖的可行性是显而易见的。但是大规模用于造林尚有困难，目前进行的实验数据表明，西伯利亚红松和瑞士红松插条和短枝的生根率还不高(小于 5%~8%)。

西伯利亚红松也如松属的其他树种一样，属于雌雄同株而异花的植物，但有些西伯利亚红松存在单性化倾向的植株，甚至有的成为雌性株或雄性株，被称为性别型。不同性别型表现有一定的相关性状，如雌性株常生长慢而结实丰，雄性株常生长快而结实少，居两者中间的混性株，生长、结实情况也大体居中。性别型的出现，为杂交育种提供了方便。试验数据表明，通过不同性别型的杂交，有可能出现杂种优势。

西伯利亚红松雌性生殖器官的形成和发育需要经过 3 个营养周期(也有反常现象)。大孢子叶球(雌球)形成于林冠上层生长健壮的小枝上，小孢子叶球(雄球)形成于中、下层林冠较细的主轴和侧轴的小枝上，大小孢子叶球的原基形成于 6~8 月份。第二年的 6~7 月开花、传粉。授粉前的雄球，珠鳞微红张开，直立在当年生枝条的末端，每枝上常有雄球 1~4 个，有时多达 9 个。开花、传粉约持续 3~7 天。授粉后，珠鳞渐闭合，色变绿褐，当年冬小球果可长到 2 cm 左右。第三年 6~7 月，即授粉一年之后才开始受精。再经 50~60 天(即第三年秋)，种子方告成熟，通常是籽熟果落，个别可延续到翌春。从球花原基的孕育到种子成熟，总计需要约 26 个月。

一般情况下，授粉胚珠不少于 15% 时，球果才能正常发育，否则球果发育不良；如无授粉胚珠，球果将停止发育而脱落。

以上情况与红松大体相近，但西伯利亚红松中也有球果早熟的罕见突变，特别是授粉当年即成熟的突变，在红松中尚未见报道。

西伯利亚红松开始结实的年龄一般为 80~140 年，明显晚于樟子松。在天然林郁闭的情况下，开始结实约为 40~60 年，比天然红松林(80~140 年)明显偏早，宽阔地带可提早到 25~30 年，林缘则更早。天然林结实盛期多在 100 年以后，而且持续不衰，特别以 150~250 年间为最高。人工林 13~15 年即可结实。人工林或天然林因受光亮增加而结实提前的现象与红松也基本一致。

西伯利亚红松不同年份结实丰欠的差异亦极明显，在南泰加亚带，高地位级大、小年的间隔期多为3年左右，这与红松较为相近。西伯利亚红松因适应幅度特别宽，分布甚广，生境条件差异甚大，不同生境下，结实情况也极其不同。由南泰加亚带的高地位级(3年)向北或向低地位级的生境转移，种子年间隔越来越长，由5~6年到7~8年，至分布区北部或高山地带时，种子年间隔期可长达10年，或无丰收年，或全不结实。

通过幼苗变异观察对树木生长和结实早期预报研究表明，按苗高选择的3年生实生苗在7年生时仍保持着快速的生长，且侧芽多，针叶长，枝条生长力强，有些学者建议将选择速生苗木发生概率作为早期预报参数。结实早的苗木鉴定指标为生长期内有二次生长，属于晚物候型；种子含钙量高，幼芽子叶下胚轴呈红色；观赏性指标(球形)1年生苗有数量多而小的顶芽；除形态学作为早期预报的指标，还建议考虑松节油的含量。还有研究通过测定枝条生长过程分析气候等环境因子对结实量的影响，并据此预测树木的结实量。

4　西伯利亚红松的生态学特征

西伯利亚红松为松科松属乔木树种，天然分布区以西西伯利亚平原为中心，西越乌拉尔直达东北俄罗斯平原，东临中西伯利亚高原，直达后贝加尔东部山地，南入南西伯利亚及北蒙山地，北越极圈，几至森林北界，在其分布中心树高可以达到30~40 m，直径1.5 m，最大树龄800年以上。

西伯利亚红松在我国新疆北部高山及大兴安岭西北隅有零星分布，但仍处于其分布边缘或是其外围的岛状生长而已。西伯利亚红松分布的最北界是68°30′N，最南界是46°40′N，最东界是127°20′E，最西界是49°40′E。在南北长4 700 km，东西宽2 700 km的广大地区皆有分布，森林面积多达400×10^4 hm^2，最适宜生长的气候位于西西伯利亚平原，降水量常达500 mm以上，随着不同经度、纬度、海拔、降水、温度的变化，西伯利亚红松形成了多种多样的分布。该树种在我国大兴安岭以及新疆北部地区有少量分布，为冰期孑遗种。在其分布的北界主要在平地和海拔比较低的地区，在南部则主要在海拔较高的山地。西伯利亚红松天然分布区非常辽阔，在很大程度上表现出来其生态幅度的宽广性。

4.1　西伯利亚红松基本特征

西伯利亚红松地理气候类型的划分，通过长期的自然选择和人工选择分离出有前景的气候型、种群、类型、个体，培育形态特征与其经济性状相关性明显的种、亚种、变种和品种。

根据树冠的形态，西伯利亚红松划分为圆柱型、圆锥型、塔型、卵型、倒卵形和念珠型，树冠分为三个生殖层（雌性层、混合层、雄性层）和一个生长层，雌性层分布在树冠上部有比较粗的枝条，雄性层位于树冠的下部。

西伯利亚红松树皮的变异表现为颜色与结构上的差异。主要分为松树皮型和云杉皮型，松树皮型按裂缝划分有深裂、规律纵裂、无规则纵裂片状、鳞片状的类型；同龄的西伯利亚红松按生殖力划分为雌性、雄性和混合型繁育型，性别类型与种子产量、针叶形态、树冠的结构和其他的特征之间存在明显的相关性，雌性型的种子产量高，雄性型的种子产量低或无产量；同时发现一些树具有早熟和晚熟球果类型，根据球果数划分出一个球果、两个球果、三个球果和多球果类型；林分种子生产力与它们的生境条件相关，在适宜的地带种子产量高，山地泰加亚带和中泰加亚带林分的平均产量为 50～100 kg/km^2，变幅很大，低山黑土带（暗针叶林）林分的平均产量达 400～600 kg/km^2，生产力最高的分布在南泰加亚带，村屯附近的林分经过多年人工选择，种子产量个别年份达 1～1.5 t/hm^2。在种群内球果的颜色变异很大，有浅灰、玫瑰红、褐色、微红、紫色；球果的类型包括圆柱形、圆锥形、圆形。

总结分析有关研究资料，从气候条件，地形、土壤，生物因子及火 5 个方面综合介绍其生态学特征。

4.2　气候条件

同其他陆生植物一样，气候条件是影响西伯利亚红松的主要生态因素。目前，西伯利亚红松主要分布在欧亚大陆北部的中心地带，基本为西伯利亚。该种是属于大陆性气候区的典型树种，在生态学上对大陆性气候条件表现出一系列的适应特性，其中最突出的生态特性有如下 4 个方面。

4.2.1　极强的耐寒性

红松类各种属之间，以及它们与其他针叶树种之间，在营养生长所要求的最适温度上，存在很大的差异，这种差异是其在物种演化的历史过程中，对各自所在生境、热量状况长期适应的结果。瑞士红松生长在中南欧山地，虽深受大西洋暖湿气团的影响，但山势较高，常年温凉而多雨雪。长白山红松生长在东亚湿润性温带季风区，季节分明，雨热同季。西伯利亚红松则生长在寒温带大陆性气候之下，极其耐寒是其突出的生态特点，可从其水平分布达 68.5°N、垂直分布到森林上限等一系列分布现状得到很好的印证。西伯利亚红松极强的耐寒性，让温带的红松望尘莫及，即使寒温带针叶林某些主要树种（如冷杉）

也不能与之相比。在西伯利亚高原，西伯利亚红松的分布北限仅逊于落叶松、云杉和欧洲赤松(或樟子松)。它的天然分布区与西伯利亚冷杉大体相近，但东界、北界却远比冷杉广阔；在南西伯利亚、南图瓦、外贝加尔和蒙古(如46°40N′巴特乌里加)等山地，其垂直分布上限也比冷杉高。据资料表明，西伯利亚红松在西伯利亚西部的分布甚至比欧洲赤松还略向北(表4-1)。

在分布北限或上限，西伯利亚红松冬季可能遭遇－60℃以下的低温，甚至在早春也会出现－50℃的突然降温，生长期仅两个月，连续无霜期有时不到一个月。在气温变化比较大的南泰加亚带及森林草原带，西伯利亚红松尚未充分展开的芽，在早春也可能发生晚霜冻害，但多数一般能完全复原，与西伯利亚红松相对应的红松，天然分布北限在内陆以胜山为例只有49°28′N，即使到鄂霍次克海也只有约52°N，绝对低温最低至－50℃，耐寒性尚不能与西伯利亚红松相比。

4.2.2 喜湿性

从西伯利亚红松集中分布于西西伯利亚平原及南西伯利亚山地西北源的现状，不难看出其喜湿性，特别是对大气湿度的要求比较高。大气湿度对于西伯利亚红松的影响可能比土壤湿度更为重要。在西西伯利亚，一般在13∶00时空气相对湿度年平均值>60%。在最低月平均值大于40%~45%的地区，西伯利亚红松到处可以生长。然而，在年降水量只有500 mm的楚雪什曼的特列次克湖滨，由于湿度不足，东、西、南坡都没发现西伯利亚红松的生长。西伯利亚红松分布区内降水最少的是雅库特南部，只有200 mm，在这个著名的低湿地区，西伯利亚红松对湿度的依赖性使其可沿着更冷的山坡上升到海拔450 m以上的砂岗顶部。

但是，一定范围内丰富的土壤湿度可以补偿大气湿度的不足，因此，有时它也在大气湿度较低而土壤湿度较高的地段上分布，如西西伯利亚的森林草原带，在暗针叶林带的南方，小片的西伯利亚红松常在低洼地、洼坑中出现。

表 4-1　西西伯利亚红松平原主要树种天然分布北限

树　　种	分布北限(北纬)		
	河间地带	鄂毕河谷	叶尼塞河谷
Larix sibirica	65°	67°50′	69°40′
Picea obovata	65°	66°20′	69°25′
pinus sibirica	64°	66°	68°30′
p. sylvestris	63°50′	64°30′	66°
Abies sibirica	60°	62°30′	67°40′
Populus tremula	62°30′	66°30′	67°
p. nigra	—	66°40′	64°
Betulakrylovii	58°	62°	60°
Tilia sibirica	57°40′	60°15′	56°
T. septentrionalis	57°40′	60°15′	56°
Hippophaerhaminoides	—	53°40′	53°30′

注：*Populus tremula*(欧洲山杨)与山杨(*P. davidiana*)极相近，有学者认为两者应属同种的不同变种，故山杨学名有人写作 *P. tremula* L. var. *davidiana*(Dode) *Schneid*；*Tilia sibirica*(西伯利亚椴)。*T. septentrionalis*(北椴)形态近于紫椴(*T. amurensis*)，但更耐寒；*Betuls Krylovii*(克雷洛夫桦)，大体相当于白桦(*B. platyphylla*)；*Hippophae rhamnoides*(沙棘)、*Populus nigra*(黑杨)，多生河谷，亦广见于我国新疆各地。

4.2.3　耐阴喜光性

几种红松前十年皆耐阴，总的来看西伯利亚红松也是耐阴树种，特别是幼苗幼树，可以长期在云、冷杉林或其他树种组成的上层林冠强烈密闭下正常生长，比樟子松表现出更强的耐阴性，其耐阴能力仅次于冷杉和云杉。虽然西伯利亚红松耐阴，但并不说明其一定需要庇荫条件才能生长。有人认为最初松树皆喜光，一些种的耐阴能力是在进化过程中逐渐获得的，所谓耐阴是对遮阴的容忍力，这与喜阴的含义不同。苗圃育苗试验和在林冠与露天下进行的造林对比试验均说明西伯利亚红松是喜光树种。一般来讲，该树种对光的需求是随着年龄的增长而逐渐增强的。如果说第一年可耐强度遮阴，之后的需光量则与年俱增，尤其是在生长旺盛期，需光更明显。有学者认为，西伯利亚红松的幼树，绝大部分在郁闭的暗针叶林冠下可以保持生命力 10~15 年，少部分甚至到 30~50 年(在中等郁闭的林冠下可达 30~40 年，少数甚至达 70~100 年)。在这种情况下，同化器官发育不好，顶部小枝多次衰亡，树高和直径的生长量很小。实际上，所有红松类树种的正常生长和发育，需要在上层林冠充分透光后才能获得。

4.2.4 最适水热指标

西伯利亚红松有极强的耐寒性，但并不代表越冷越好。实际上在其分布北限和森林上限，生长发育均已受到严重的影响，其幼树常受晚霜之害。过低的温度使种子发芽困难，森林的疏密度经常很低，形成特殊的疏林，甚至在位置偏南的泥潭藓沼泽地，也许存在因低温（及寡养）造成的立木稀疏现象。在天然分布区内，根据分析西伯利亚红松的树高变化及各种气象因子的差异得知，西伯利亚红松不仅是喜湿的树种，而且也是颇喜温的树种。在阿尔泰和萨彦岭，树木发育最好的地方，大于10℃年活动积温值在1 600~1 800℃。当土壤的湿度和肥力都达到最高水平时，一般是温度高的地方西伯利亚红松生长得更好。从水平分布看，西西伯利亚是西伯利亚红松的集中分布区，在这片沼泽密布的大平原上，无论东西南北，只要是适宜森林生长的较高地段，优势树种都可能是西伯利亚红松，只有在分布区的边缘，才被其他树种所代替，如北部让位于落叶松，南部让位于杨桦，而杨桦的分布又常和人类活动有关。但是在西西伯利亚平原，却清楚地表现为越向南生长越好，由北而南西伯利亚红松林常见的地位级情况如下所示。

稀疏冻原带　Ⅴ~Ⅵ

泰加林亚带　Ⅳ~Ⅴ

中泰加林亚带　Ⅲ~Ⅳ（占本亚带西伯利亚红松林面积的72%）

南泰加林亚带　Ⅱ~Ⅲ（占本亚带西伯利亚红松林面积的51%）

综上所述，西伯利亚红松的生长量，由北往南越来越高。最高生长量出现在其分布的南界。再向南，其分布受阻的原因，不是因为温度过高，而是因为湿度不足。

在山地达到足够湿度的条件下，温度对红松生长的制约，可以从不同垂直高度的变化上得到充分的反应。表4-2是阿尔泰和萨彦岭山地在不同海拔高度下，西伯利亚红松的最大树高和最长生命记载，由此分析可知，在山地湿度充足的条件下，西伯利亚红松的生长，随着海拔的降低温度的升高而增加。

表 4-2 西伯利亚红松最大树高和最长生命

海拔高度(m)	阿尔泰北坡		西萨彦岭	
	树高(m)	树龄(a)	树高(m)	树龄(a)
300~600	35	800	35	850
600~800	30	600	32	650
800~1 000	24	500	25	500
1 000~1 500	18	400	16	300
1 500~1 800	12	300	10	250
1 800~2 000	8	200	6	200
2 000~2 400	0.5~2	150	0.5~1	150

同样，西伯利亚红松的结实量和丰收年份，也随着热量的增加而有明显增加(表 4-3)。

表 4-3 垂直分布与纬度地带对西伯利亚红松结实量与大小年的影响

(高密度纯林 170~240 林龄)

垂直分布(南西伯利亚山地)与纬度地带(平原或高原)	计量单位	丰欠年数及平均产量(20a 标准)						
		绝产	欠收	较差	中等	较好	丰收	总平均
低山(800 m 以下和南泰加)	a	0	2	4	8	4	2	—
	kg/hm^2	—	40	80	120	160	200	120
中山(800~1 300m)和中泰加南部	a	1	2	6	6	4	1	—
	kg/hm^2	0	30	60	90	120	150	80
中山(1 300 到亚高山或接近秃顶山顶)和北泰加南部	a	3	5	5	4	2	1	—
	kg/hm^2	0	20	40	60	80	100	40
高山和分布北限	a	5	6	4	3	1	1	—
	kg/hm^2	0	10	20	30	40	50	16

由表中数据分析可知，在南泰加林亚带及南西伯利亚山地低山带，西伯利亚红松结实量最大(平均 20 年，每年 120 kg/hm^2)，丰年最多(20 年中，有 14 年收获量中等以上，无绝产年)；反之，垂直分布越高，水平分布越北，结实量越小，丰收年也越小，丰收年也越少。

平均树高最大的西伯利亚红松林，生长在切列次克湖北部的低山带，被称为南方型暗针叶林的亚带，年降水量约 800 mm，大于 10℃ 活动积温约 1 700℃。

在平原地区，活动积温的增加，可以在一定程度上补偿湿度不足的不利因素。如在切列次克湖地区南部，年降水量降至 600 mm，但活动积温已提高到 1

800℃，因而出现了著名的克金斯基西伯利亚红松林，树高也接近最大。

综上所述，西伯利亚红松温度和湿度的最适生态范围如下所示：

①>10℃活动积温1 600~1 800℃；

②降水量>600 mm。

上述是根据目前已知西伯利亚红松生长最好的东北阿尔泰、西萨彦岭山前地带和低山区的实际生长情况得出的结论。至于红松，其水平分布的北限大体在活动积温2 000℃线之南。

4.3 地形、土壤

在天然分布范围内，决定植物具体生存位置的是地形和土壤。西伯利亚红松对地形、土壤的适应幅度尤为广阔。具体表现在以下5个方面。

4.3.1 山地、平地皆宜

论起源，西伯利亚红松属于山地形成的森林树种，但在现代播迁中，它既占山地，又据平原。在南西伯利亚山地、西西伯利亚大平原以及中西伯利亚高原等各种各样的地形条件下，都形成了很好的森林，这和它的姊妹种红松主要以山地为“家”不尽相同。

4.3.2 耐干瘠

西伯利亚红松对土壤肥力和湿度的要求属中等级别，且在自己的分布北限才多分布于排水良好的土壤上，但它可以容忍土壤相当贫瘠的生态条件。在海拔1 000 m以上的冷湿山区，西伯利亚红松甚至可以取代著名的耐寒树种欧洲赤松（或樟子松），定居在裸露的花岗岩或干燥的砂地上，表现出相当强的耐干旱和耐贫瘠能力。

4.3.3 耐水湿

西伯利亚红松还很耐水湿，具有耐短期水淹的特点，因而可以生长在春泛夏汛河谷的冲土上，西伯利亚红松在该区域的频繁出现，说明它在这种生境下生长相当稳定。这一点上红松与之远远不能相比。西伯利亚红松甚至能生长在泥潭藓沼泽上，形成“泥潭藓—西伯利亚红松林”的特殊森林类型，特别是由于它具有生产不定根的能力，在泥潭沼泽地上，随着泥潭的积累，在根茎上方有不定根陆续出现，这就保证其有经常起作用的地面根系，因而在沼泽地上可以形成较大的树干，生长甚至比适应性最强的樟子松还略好一些，生长活动的时间也略长一些，并且更抗风。这些特点更是红松远远不可企及的。

苏联著名林型学家苏卡切夫早年曾提出过包括苏联几个主要森林群系在内的“林型综合体系”图，这个图从 1953 年 B. F. 聂斯切洛夫的《林学概论》译本问世以来，曾在我国广为流传，一直到 20 世纪 80 年代出版的教科书仍在引用。应该指出的是，该书历版中文翻译本中所称的“红松(Cembreta)”实际是指西伯利亚红松。其耐渍水、抗沼泽化的能力已远远超过云、冷杉，而跃居北方针叶林诸多成林树种的前列，只有兴安落叶松群系(*Lariceta dahricae*)可与之抗衡，而满洲区系的红松没有这种能力。

4.3.4　不适永久冻土

西伯利亚红松不善于容忍温度很低的土壤，西伯利亚红松现代分布区的东界和连续永久冻土分布的西南界大体相近。在冻土区，西伯利亚红松占据着“最暖”的地形和排水良好的地段。在大陆性气候特别强烈的东北亚，形成连续而发达的冻土区，那里现在只生长偃松而不见西伯利亚红松。

然而，按《中西伯利亚》一书记载，西伯利亚红松的北界、东界、大体与永久冻土厚度 120 m 的界限相近，连续多年冻土区的南部，东土厚度 31~60 m，仍属西伯利亚红松分布区。大兴安岭所见的西伯利亚红松，实际恰在连续永久冻土区，区外向东、向南尚未发现。但有研究者认为，在连续冻土区它只分布在大河两岸无永久冻土的碎石、砂烁石为主的山麓地带，季节融化层厚度较大处(1.5~2 m)。

4.3.5　最适宜的土地条件

虽然西伯利亚红松既耐干瘠，又耐水湿，生态幅度甚广，但它对生境条件的变化，反应相当灵敏。在不同的地形土壤条件下，生长情况差别甚大。生长最好的条件仍是土层深厚、肥沃湿润、排水良好的砂壤土或黏壤土。在最适宜的气候区，如山地阿尔泰和西萨彦岭的低山带，在最适地形、土壤条件下，西伯利亚红松具有很大的生产力，树高可达 40 m 左右，相当于地位级Ⅰ，属于高度肥沃深厚的棕壤，有小团粒构造，排水良好，腐殖质含量高达 10%~

20%。而在土壤瘠薄的地方，生长则明显受抑制，最后甚至变成灌木状，如在森林上限、分布北限、严重沼泽化的生境和迎风的砂岗上等，土壤多贫瘠寒冷或因过湿而通气性不良，在这些地方常形成生产力很低的林分(Ⅴ~Ⅵ)。临近分布极限时，西伯利亚红松的树高可能只有1~2 m，寿命仅一二百年，甚至形成特殊矮小的变种或变型。

根据上述情况可知，西伯利亚红松在地形、土壤方面比红松有明显广阔的适应幅度。据此引发值的研究的课题，是在我国东北阔叶红松林区中，红松很难占据或生长发育显然受抑制的冷湿地段，如高海拔山地、低洼河谷，特别是在目前云、冷杉所占据的部分地形部位，能否进行西伯利亚红松引种实验，西伯利亚红松能否为我们改造红松林去沼泽地或"臭松排子"所用？值得期待。

4.4 生物因子及火

西伯利亚红松的巨大可塑性，左右着它同其他森林之间的相互关系。这些关系的特点是由成林树木的种类及其生态位的类型决定。西伯利亚红松实际上与明亮针叶树种(樟子松、西伯利亚落叶松、兴安落叶松等)并无竞争。在生态学特性上和它们有明显差异，后者仅仅在分布区的重叠地带生长在一起，这些树种在立木组成上所占的比重决定与其生物生态学特性对生存条件的适应程度。西伯利亚红松与明亮针叶林之间相互影响的特点，也由环境因素的动态变化所决定，其中包括虫害、火灾、长期的干旱和寒冷等。

西伯利亚红松生态最适区，只在其天然分布的西南隅，同整个分布区相比，总面积不大。尽管在如此有限的水热条件最适区域内，在地形、土壤最适宜的生境下，现代实际存在的森林植被中，西伯利亚红松林的面积也不大，也就是说，其并不能成为优势树种。

4.4.1 西伯利亚红松与冷杉的竞争性

在生态最适范围内，西伯利亚红松优势地位并不稳定的原因，主要源自与冷杉激烈的竞争。西伯利亚红松与西伯利亚冷杉的关系，既密切又复杂，由于它们的生态学形状较为接近，故这两个树种相互之间最紧张的竞争关系，恰恰是在生态最适区。同西伯利亚红松一样，在这些地区冷杉也居于强有力的竞争地位。

在森林更新初期，冷杉和西伯利亚红松一样处于最适生态条件时，前者较西伯利亚红松更耐阴，幼年时生长更迅速，从而首先形成冷杉林，当生境不能充分满足形成冷杉纯林的条件时，冷杉仍可占据较大的组成比例，但已不能完全压制西伯利亚红松和云杉，从而形成冷云红的混交林。因此，在西伯利亚红松生态最适宜的气候区域，占优势的往往不是西伯利亚红松而是冷杉，西伯利亚红松占优势常常并非是其最适宜的区域，甚至是很差的立地条件，如在贫瘠的土壤、过湿或者相当干燥的地段上，但是从演替的规律来看，只要有足够的时间，演替终将形成多层结构的冷杉—西伯利亚红松林，这些森林的第一层仍由西伯利亚红松占主导地位，第二层和第三层才是冷杉。

西伯利亚红松在自己的最适生态区能长久地稳固分布，主要原因有以下两方面原因。

①西伯利亚红松有很长的寿命；

②冷杉树干和根易感病腐朽。一代西伯利亚红松所占据的时间相当于2~4代冷杉所占据的时间。冷杉周期性的更新换代，有利于林冠下西伯利亚红松的生长。此外，不少冷杉林在西伯利亚红松的最适生态区出现，主要是受人类活动的影响，实际上有些冷杉林形成是发生在林火或虫害的大发生之后。只有在多湿的气温气候区，西伯利亚冷杉才能稳定地驾驭在西伯利亚红松之上，在立木组成上形成冷杉纯林和西伯利亚红松—冷杉混交林。在这种条件下，西伯利亚红松的地位只有经过积极经营才能加强，所以有研究者认为，现代冷杉林的分布实际上超过历史上其所占据的面积。

西伯利亚红松种子或幼苗易遭鼠害(待考证)，这是它生存竞争上的一个弱点，这一点也是目前其在一些地方被冷杉占据的原因，如在萨拉伊尔的山地及库次涅茨和阿尔泰。从林学角度分析，现代冷杉占据的位置，对西伯利亚红松均非常适宜，重要的是其中很多能成为西伯利亚红松林产量最高的地方，这对我们的研究很有意义。我国寒温带性针叶林的面积和蓄积都名列全部森林资源之首，其中冷杉林(如小兴安岭林区、长白山区、特别是西南高山林区)占有相当大的比重，这些冷杉林占据的地段是否也能成为西伯利亚红松产量最高的地方，确实是一个很有诱惑力的课题。但在近几年造林中发现，同样条件的造林场地，樟子松幼苗易遭鼠害，而西伯利亚红松无鼠害，因此此课题仍有诱惑力。

4.4.2 西伯利亚红松与杨桦的竞争性

西伯利亚红松与速生阔叶树种(山杨、桦树)之间的竞争关系，主要体现在西伯利亚红松林火烧迹地上。在此类生境中，先锋树种杨桦很快入侵，通常经过较长时间而形成杨桦次生林。杨桦林能抑制杂草的生长，招来星鸦传播种子，反而有利于西伯利亚红松更新，变成了西伯利亚红松的“保姆”。

综上所述，从地理分布上分析，在充分湿润的条件下，西伯利亚红松与西伯利亚冷杉相比竞争力差，在湿度状况不稳定的区域两者混交生长，或生长于欧洲赤松、樟子松(砂性土壤条件)、西伯利亚落叶松(黏重而冷凉的土壤条件)及兴安落叶松(特别冷的土壤条件)等林冠下。随着空气干旱度的增大和气候大陆性的增强，以及长期永久的冻土层更加发达，西伯利亚红松将逐步退出上述地区，逐渐被西伯利亚落叶松、兴安落叶松和西伯利亚冷杉所占据。

4.4.3 林火作用

西伯利亚红松树皮较薄，不耐森林火灾，因此，林火是西伯利亚红松的大敌。在西伯利亚和阿尔泰，西伯利亚红松林经常毁于林火。火灾中烧死的树木，历经三四十年而不腐烂，天然更新极为缓慢，开始常是一些先锋性的杂草如拂子茅、柳兰及悬钩子类植物等形成植丛，然后杨桦林逐渐形成，再历经几十年，可能演变为云、冷杉林。至少要在一二百年之后西伯利亚红松才有可能占据优势地位。由于受人类活动的增加、不当的放牧、频繁的火灾等不良影响，当种子缺乏时，西伯利亚红松在很多地方产生不可逆转的倒退演替，使其为别的树种(杨桦等阔叶树种)所替代。这在气候更为干旱、火灾更为频繁的后贝加尔地区，对西伯利亚红松播迁速度和分布面积的影响显然需要特别注意。所以有研究者认为，在东西伯利亚，频繁的森林火灾是抑制西伯利亚红松分布的重要原因。

5　西伯利亚红松林的群落动态

5.1　西伯利亚红松林的更新规律

西伯利亚红松林的森林生态系统具有长期自我维持的能力，其恢复速度和恢复途径在不同的气候区、不同立地条件下表现有所差异，但是西伯利亚红松林的恢复过程主要取决于其更新规律，以及主要生态因子和生物因子对更新的影响。因此，研究西伯利亚红松林的天然更新规律对于西伯利亚红松林的恢复和现有西伯利亚红松林的经营管理具有重要意义。

5.1.1　西伯利亚红松天然更新的调控因子

西伯利亚红松种子必须经过动物传播的过程才能萌发，因此动物是西伯利亚红松更新的首要调控因子。多数研究者认为，西伯利亚红松种子的远距离传播几乎都是由星鸦完成的，因此，星鸦的种群数量直接影响着西伯利亚红松的更新数量。另一方面，西伯利亚红松的更新数量与动物的生物学特性有密切关系，如星鸦能把大量的西伯利亚红松种子搬运和贮藏在西伯利亚红松林、杨桦林、火烧迹地和采伐迹地等地段，甚至在缺乏种源的大面积火烧迹地上(距种源10~20 km)，由于星鸦的积极活动仍有一些西伯利亚红松幼树更新。而一些鼠类不仅采食大量西伯利亚红松种子，而且盗取星鸦埋藏的西伯利亚红松种子，也从客观上有助于种源的传播。

西伯利亚红松更新的成败很大程度上取决于草本植物的发育程度。研究资料表明，西伯利亚红松幼苗的数量与草本层的发育程度(草本植物的生物量、高矮和覆盖度等)呈负相关。如果对比不同林型，从高草、蕨类、矮草茂密的西伯利亚红松林到苔藓发达的西伯利亚红松林，随着林下地被层高度的下降，更新状况逐步改善。如果观察同一林型，可以清楚地看到，草本层不发达的地段西伯利亚红松幼树数量明显增加。草本植物对西伯利亚红松更新的影响在于草本植物与西伯利亚红松幼苗发生光照和水分竞争。西伯利亚红松幼苗在草本层下时，幼苗数量与地面光照量呈直线关系，光照量的增加促进了西伯利亚红松幼苗的数量、生长量、光合作用以及其他生理过程有规律地增加和加强。另一方面，草本层对空气湿度的影响很大，在草类—西伯利亚红松林中，草本植物能将空气湿度提高 30%~45%，因此西伯利亚红松幼苗的许多生命活动(首先是蒸腾作用)受到抑制。实验数据表明，由于草本植物存在而形成的微环境，导致第一个生长季结束后，草本层下的 1 年生西伯利亚红松全部死亡，而苔藓层下的西伯利亚红松幼苗死亡率不超过 10%，草本层对西伯利亚红松的竞争影响不仅表现在限制西伯利亚红松幼苗、幼树的发育，更重要的是杂草丛生的地段限制星鸦的活动，也就是说上述地方一般没有星鸦埋藏的西伯利亚红松种子。

5.1.2 西伯利亚红松与其伴生动植物的关系

伴生树种在西伯利亚红松林更新和形成过程中起着重要的作用。西伯利亚红松的主要竞争者是冷杉，它能像草本植物一样，抑制西伯利亚红松幼苗、幼树的生长发育。定位研究资料证实，红松的更新与冷杉的大小、生长状况及生物量的大小呈明显的反比例关系。在适宜的生态区中，由于冷杉的竞争影响，仅在局部气候和土壤极差的地段，西伯利亚红松才能顺利更新，并在竞争中取胜。低温和冻土层不利于阔叶树的生长，由于阔叶树的减少导致南西伯利亚海拔 1 000~1 200 m 以上的高山区域、西西伯利亚的南泰加林和部分中泰加林等地区的西伯利亚红松比重大大增加。

(1) 苔藓层

苔藓层有利于西伯利亚红松及其他暗针叶树种的更新，也能促使西伯利亚红松在杨、桦及明亮针叶树种更新前更新。随着苔藓层厚度的增加，西伯利亚红松幼树的绝对数量下降，但是西伯利亚红松在更新层所占的比重增加，甚至达到 100%；苔藓层对西伯利亚红松更新不良的间接影响是星鸦一般不在此类苔藓发达的地方贮藏种子。

(2) 小型哺乳动物

西伯利亚红松更新的数量更多地取决于小型哺乳类动物的数量，因为这些小型哺乳类动物消耗大量西伯利亚红松种子。但是，啮齿类动物的数量不仅是西伯利亚红松更新好坏的原因，也影响西伯利亚红松大量结实。有些食草动物(如野兔)对西伯利亚红松更新的影响更大，因为它们能危害50%以上的西伯利亚红松幼树，这些动物作为貂的食物来源无疑是有一定经济价值的，但对西伯利亚红松人工林是有害的，在平原地区也有类似的情况。鼠类则是西伯利亚红松人工林的主要危害者之一。

(3)虫害

虫害也是阻碍西伯利亚红松更新的主要原因之一。在北部地区，寒冷、极度干燥的大陆性气候阻碍着西伯利亚红松害虫的大量繁殖，因此，只有在南泰加林地区以及南西伯利亚山地海拔700~800 m以下的低山地区(年积温超过1 200℃)，这些害虫才能大量繁殖并造成危害。

目前，森林的自我更新过程受到日益严峻的火灾、采伐等人为干扰的影响，这些干扰因子影响西伯利亚红松及其他暗针叶树种在林分中的优势地位，因此，需要特别注意和研究。

5.1.3 西伯利亚红松在其他树种林冠下的更新状况

在西伯利亚红松的生态分布区中，70%的次生白桦林下西伯利亚红松能得到较好的更新(2 000~5 000 株/hm^2)，这里西伯利亚红松幼树的林龄比较大，甚至可以顺利地上升到第二层林冠。在较低郁闭度的白桦林中，西伯利亚红松幼树的数量较多，但生活力下降，需要适时进行抚育以解放林下的西伯利亚红松幼树。

次生山杨林通常生长在最肥沃的土壤上，草本植被发达，西伯利亚红松幼树数量一般达到1 000 株/hm^2。获得较好更新的地段仅有30%~50%，在更新层中，西伯利亚红松通常占暗针叶树种的10%~20%(最大为30%~35%)，但这里的西伯利亚红松保存率和生长量均好于西伯利亚红松林下。在中泰加林区和山地泰加林区的山杨林中，西伯利亚红松更新良好(约70%的山杨林下西伯利亚红松幼树达到1 000~3 000 株/hm^2)，生长60~80年，西伯利亚红松与云、冷杉形成第二层林冠。

在西伯利亚红松的分布区中，落叶松林下和樟子松林下西伯利亚红松更新良好，更新数量可达5 000~15 000 株/hm^2，其中大部分林分(60%~80%)采伐后除去伐前更新的幼树仍能达到理想的更新状态。在这些林分中，如果没有火灾作用将形成暗针叶林，而明亮针叶树种逐渐被取代。樟子松林在地表火后的最初 30~40 年樟子松更新占优势，到 50~60 年时樟子松幼树的数量明显下降，西伯利亚红松和其他暗针叶树种逐渐占优势。如果最初 20~25 年樟子松的生长好于西伯利亚红松，那么 50~60 年时西伯利亚红松在生长速度和树高上都将超过樟子松。

在冷杉林中，20~30 年生的西伯利亚红松幼树很少，而 20 年以下的西伯利亚红松幼树也只有 300~2 000 株/hm^2，并且严重受压。西伯利亚红松在更新层中所占的比重为 10%~20%，恢复为西伯利亚红松林的可能性很小。

在云杉林下，西伯利亚红松的更新稍好一些(1 000~3 000 株/hm^2)，更新比重为 20%~25%，但西伯利亚红松幼树受压也比较严重，保存率很低(10~15 年以下幼树占优势)。多数情况下，云杉林像冷杉林一样，恢复为西伯利亚红松林的可能性较小。

5.2 西伯利亚红松林的形成和演替

西伯利亚红松早期(10~20 年)生长缓慢，种子重量大，需经过动物的取食和埋藏活动传播才能发芽，且传播距离短；杨、桦树早期生长快，种子轻，能够远距离传播，并能抵御日灼伤和霜冻伤害。各树种的生物学特性，导致西伯利亚红松林形成的早期杨桦林占优势地位，而后林冠下逐渐出现新一代西伯利亚红松。到 120~160 年时，杨、桦树大量死亡，生态耐性强、寿命长的西伯利亚红松上升到主林层。进入成熟林阶段，西伯利亚红松占优势，这时杨、桦的比重大幅下降，西伯利亚红松进入向桦树林冠下恢复过程的一般模式。一般来说，人们多以 40 年划分西伯利亚红松林的发育阶段，而林分发展过程中本质上不同的一些发育阶段统称为发育时期。

西伯利亚红松的演替过程经历了 3 个发育时期，即杨桦林时期(约 80~100 年)、杨桦—西伯利亚红松林时期(西伯利亚红松生态位介入杨桦林冠层，约持续 40~60 年)以及西伯利亚红松林时期。西伯利亚红松林时期从 120~160 年开始，这时杨桦林冠层死亡，而结束阶段为 280~320 年，这时西伯利亚红松林冠衰亡。由于西伯利亚红松林有这样的演替过程，经常出现相差 40 年(较少为 80 年)的相对同龄林。

在南方型山地暗泰加林地区和南泰加林西北地区，采伐或火烧后最初几个阶段冷杉的更新比重大大高于西伯利亚红松。这种情况下，西伯利亚红松需经过200年才能占据优势，这一阶段杨、桦树和冷杉均大量死亡。在平原地区和平缓的山地条件(谷地、山麓、低凹地和多湿的立地条件)下可以观察到云杉占优势的阶段所持续的时间更长。在暗针叶林地区和明亮针叶林相邻地带能划分出杨、桦树与明亮针叶树混交的阶段，而在森林草原地区和有冻土层的山地泰加林区能划分出杨桦林的发展阶段。

5.2.1　不同地区西伯利亚红松林形成特点

(1)西伯利亚地区西伯利亚红松林形成特点

在西伯利亚地区，一般形成西伯利亚红松和云杉的混交林。西伯利亚红松林的恢复要经过白桦林阶段。在冻原附近地区和部分北部泰加林地区通常形成杨桦—西伯利亚红松林和稀疏西伯利亚红松林。由于郁闭度较低(一般不超过0.5)和生产力低下(Ⅴ地位级或更低)，西伯利亚红松并不受杨、桦的抑制，因此恢复过程未发现树种更替。

在中泰加林地区，西伯利亚红松林占优势，但在多数情况下西伯利亚红松与云杉发生激烈的竞争(特别是河谷和过湿的低凹地)，在火灾后通常被白桦林更替，通过白桦林阶段形成混有山杨的西伯利亚红松林，而云杉一般处于被压的亚林层中。

在南泰加林地区，由于气候温暖，冷杉和山杨的比重增加，一些混交林中(河谷和其他地位级较高的地段)西伯利亚红松与冷杉、云杉发生激烈竞争。由于火灾、采伐及病虫害的严重破坏，这一地区潜在的西伯利亚红松林是现有西伯利亚红松林的2~3倍。因此，其森林经营的主要任务是加快恢复西伯利亚红松林。

(2)中西伯利亚地区西利亚红松林形成特点

在中西伯利亚地区(叶尼塞山脊)，云杉、冷杉在西伯利亚红松林的形成过程中起着重要作用。西伯利亚红松林被混有落叶松和山杨的白桦林所代替，恢复过程需要经过杨桦林的演替阶段。在高山地区西伯利亚红松林的恢复过程极为缓慢，但没有树种更替现象。

(3)中西伯利亚地区东部和后贝加尔地区形成特点

在中西伯利亚地区东部和后贝加尔地区，西伯利亚红松林的恢复过程中没有杨桦林阶段及云、冷杉林阶段，而恢复过程的早期是以落叶松林为优势的阶段。

(4)阿尔泰—撒彦岭山区形成特点

在阿尔泰—撒彦岭山区，西伯利亚红松林的恢复过程多种多样，在干旱地区(云、冷杉泰加林)以混有西伯利亚红松的冷杉林占优势，并且在一些地段西伯利亚红松被云杉所代替。许多低产的冷杉林是西伯利亚红松潜在的分布区，采取适宜的人为措施完全可以恢复成西伯利亚红松林。西伯利亚红松—冷杉经过采伐和火灾后，形成以山杨为优势的杨桦林，杨桦林阶段持续很长时间(150~160 年)才能恢复成原生林型。在湿润地区(山地泰加林)不能形成西伯利亚红松与冷杉和山杨的混交林，而是形成与白桦(海拔 1 000~1 300 m 以下)、西伯利亚落叶松、少量云杉(河谷地段、凹地)及樟子松混交的西伯利亚红松林。在半湿润地区(泰加—森林草原地区)，一般情况下西伯利亚红松更替掉落叶松而形成西伯利亚红松纯林；火灾后多形成西伯利亚红松—落叶松林，很少经过白桦林阶段，即使经过白桦林阶段，持续的时间也很短暂。

西伯利亚红松与樟子松的混交林较少，主要的混交林多分布在乌拉尔山脉的东坡、鄂毕平原、中西伯利亚高原，以及南西伯利亚山地和叶尼塞山脊明亮针叶林带与暗针叶林带交界处。这些地区经火烧后，在西伯利亚红松林的恢复过程中，会出现西伯利亚红松和樟子松混交。

5.3 西伯利亚红松林的自我维持过程

西伯利亚红松的森林生态系统是能够长期自我维持的。在天然演替过程中最终可成为森林的顶极群落，在一个森林演替周期内其产生的种子作为其他动物的食物，维持生物链的延续，产生的有机杀菌气体不但净化空气，也为其他树种、低等植物的良好生长创造条件。另一方面动物可以传播西伯利亚红松的种子，扩大其生存范围；其他植物还可以为红松生长提供源源不断的营养。西伯利亚红松是长寿命树种(单株寿命 500~800 年甚至更长)，其整个森林的寿命也很长(350~420 年)。在如此长的时间内，西伯利亚红松与其他生物，通过不同环境进行相互促进，又相互制约，对维持生态平衡起到不可估量的群落效应。

在长期(超过 300 年)没有火灾干扰的情况下，林分进入自我维持阶段，其发展过程按照年龄更替的过程进行，是一个西伯利亚红松林阶段与云、冷杉—

西伯利亚红松林阶段(云、冷杉阶段)相互交替的过程，这一相互交替过程构成一个周期，这个周期要经历 5~10 个发育阶段。

西伯利亚红松幼苗、幼树及云、冷杉等伴生树种是在西伯利亚红松林林冠下发生、发展起来的。林下的西伯利亚红松幼树生长缓慢，当上层西伯利亚红松达到Ⅳ和Ⅴ年龄阶段(120~160 年)开始衰亡时，林下的西伯利亚红松幼苗、幼树才能更新和加速生长。

在西伯利亚红松林的自我维持过程中，西伯利亚红松长期占优势，但在山地云、冷杉泰加林中有 80~100 年的时间冷杉将占优势，而在平原的南泰加林中有 80~100 年的时间云杉和冷杉占优势。

6 西伯利亚红松人工抚育措施

根据该树种的生物学特性、生长习性以及周围乔灌木的生长规律，依据不同时期对西伯利亚红松的影响，确定相应的抚育措施。通过多年来对西伯利亚红松人工抚育的实践，总结出了一套新经验，俗称“脱了棉袄穿衬衣，摘掉帽子露脑瓜”。所谓“脱了棉袄”就是把紧贴着西伯利亚红松周围的乔灌木全部清除，“穿衬衣”则是将高于西伯利亚红松林冠的杆形通直、树冠窄小的阔叶树稀疏的保留一层，就像给红松穿上一件轻松的衬衣一样，“摘掉帽子”就是把一切影响红松主枝向上生长的树干、枝桠、灌木全部摘掉，“露脑瓜”就是把主枝露在无阻碍的空间里使顶芽能够垂直生长（见附图）。

6.1 实施方法

不同时间段西伯利亚红松的枝叶、芽因受气温变化的影响，韧性差异很大。夏季温度高，枝桠可以大幅度弯曲，很少造成断枝、落叶，而在冬季最冷的时期，枝叶、芽受冻变硬而无弹性，击枝易断、触叶易落、触芽易掉，所以人工抚育时间应在夏季进行。被砍伐的阔叶树因砍伐季节生长情况差异较大，白桦、杨树等阔叶树种，在冬季砍伐时不仅萌蘖株萌发多，连长势也旺盛；在夏季砍伐时，所萌发的枝条因为生长期短，多数萌条在冬季到来前未能木质化，容易冻死，对下一年的生长有一定的抑制作用。因此，西伯利亚红松人工抚育时间应在6月份到8月份下旬进行。

西伯利亚红松上山造林后，幼苗期内要保证穴内水分充足，没有与目的树种竞争养分和空间的灌木和幼树，保留高大阔叶乔木为幼苗遮阴。为避免其他植物与西伯利亚红松竞争养分、光照，同时也为积累林分土壤有机物，在幼树阶段清理树高同等直径内的杂草、其他幼树和灌木。由于西伯利亚红松是珍贵树种，利用机械除草、割灌易对其造成伤害。为最大程度地减少对红松的机械损伤，适宜选择人工方式促进后期生长速度。经阿龙山营林科组织技术人员研究决定，全部利用人工作业，作业人员采用有经验的工队，再由营林科办班，进行岗前培训，由良种管理人员讲解除草割灌技术规程。首先利用镰刀、斧头对妨碍西伯利亚红松生长的矮灌木进行割除，然后用修枝剪把较高的杜香和杂草剪掉，再利用特制的片镐铲除杂草及杜香的根系，对于紧挨着树木的杜香和杂草铲除不到位的，采用手拔的方法去除。铲除深度以破坏下草、杜香根系及裸土为准，把铲除物堆积于周边。改善林地环境条件，有利于加快苗木生长，促进林分提前郁闭成林。

幼龄林和中龄林阶段开始后，伐除挡光和压制树冠的高大乔木，将主枝露在无阻碍的空间里使顶芽能够垂直生长，促使西伯利亚红松能够更好地生长发育。近熟林到成过熟林阶段合理地伐除被压木，做好采种工作，充分发挥西伯利亚红松林材果兼用的双向培育优势。

6.2 人工抚育效益

6.2.1 促进树高生长

经西伯利亚红松经营调查分析表明，无论是西伯利亚红松纯林还是混交林，在林分层次差距不大的情况下，树高生长主要取决于立地条件、林分密度及林龄。在一定的立地条件下处于幼中林阶段的林分高生长取决于林木种群的合理密度，密度过低种内竞争少，林木高生长差，密度过大造成空间和营养的不足，目的树种高生长差，通过人工割灌、除草、松土、透光伐合理调整林分密度，使高生长达到最高峰。

6.2.2 加快径向生长

人工抚育对直径的影响最为明显，通过人工割灌、人工除草后直径生长量明显增加，尤其是对一些受压抑的林木直径生长速度更加明显。

6.2.3 增加林木材积

林分单位面积的材积取决于林分树高、直径以及单位面积株数三个因素，人工抚育对目的树种不会造成损伤和伐除，所以单位面积株数不会变，而树高胸径都会增加，林分材积自然增加。

6.2.4 固定标准地定位观测分析

经过对阿龙山林场8林班和塔朗空41林班西伯利亚红松人工抚育标准地和对照地的定位观测分析，人工抚育标准地单株树高连年生长量为0.23 m、胸径连年生长量为0.3 cm、材积连年生长量为0.005 2 m^3、材积生长率达10.9%。而其他抚育方式的单株树高连年生长量0.19 m、胸径连年生长量0.2 cm、材积连年生长量0.004 1 m^3、材积生长率8.2%。与其他抚育方式相比，单株树高连年生长量高出0.04 m、胸径连年生长量高出0.1 cm、材积连年生长量高出0.001 1 m^3、材积生长率高出2.7个百分点。

7　西伯利亚红松嫁接技术及成果

西伯利亚红松引种20余年来长势良好，能够适应本地区的生态条件。通过嫁接可以加快其结实期，5年生同砧嫁接苗高达40~50 cm，年均高生长约5~10 cm，嫁接苗生长迅速，且耐寒、抗旱、耐高温。西伯利亚红松虽与樟子松亲缘关系相对较远，但嫁接苗能形成共同的年轮，保持快速生长趋势，阿龙山林业局培育的西伯利亚红松同砧和异砧嫁接苗2万余株至今保持良好的生长状况。鉴于西伯利亚红松重要的经济价值和生态价值，研究其更新繁育和扩大其引种栽培范围具有重要的实践意义。

7.1　采穗

7.1.1　采穗时间

采条一般在4月下旬至5月初进行，选择生长性状良好的种子园、结实能力强的母树采集接穗。实践数据证明，采条时间越晚嫁接成活率越高，因此尽量在树液开始流动前采条，采集后将接穗按一定数量捆扎成捆进行冷冻储藏。

7.1.2　采穗部位

采条部位应选在母树树冠中上部外围枝条上，即树干的第2~3蓬枝条，且是生长健壮的1年生枝条。粗度应在8 mm左右。每个枝条可带2~3轮侧枝。为保护母树并保持采穗潜力，一次不宜采条过多，约15~20个枝条(见附图)。将穗条捆绑，保湿运输，长时间不用时，要放在冰窖内保存备用。

7.2 穗条的运输和窖藏

7.2.1 运输

将捆绑好的穗条贴上标签(种子园地址、采穗日期、采穗树号、树高、胸径、树龄、结实情况、坐标、海拔等)装入保温箱内，保温箱内适当放入冰袋降温，也可以放入冰冻矿泉水，并尽快运送到需要穗条的目的地，再进行换冰或放入冷库低温保存。

7.2.2 窖藏

在采穗的前一年土壤上冻前挖冷藏窖，冷藏窖要挖在不积水的背阴处，窖深2 m、宽2 m、长度根据储条量而定，上面盖土封严，留好窖口。待上冻时每晚向窖中泼水，使窖底冻冰层达到50 cm以上，储藏过程中要注意保持窖内温度在8℃以下，保证条材不萌动、不干枯、不霉烂。

7.3 嫁接前穗条处理方法

嫁接前一天，从窖内取出穗条，然后对其进行选剪，选择顶芽饱满健壮、未萌动、未风干、未脱水、无病虫危害或机械损伤的穗材，剪取5~8 cm，并保持接穗针叶完整。嫁接时接穗最好临时保存在可保湿的容器中，避免直接日晒、风干，影响接穗成活率。

7.4 砧木的选择和培育

7.4.1 砧木的选择

砧木可选择4~5年生上山造林地苗，也可选择4~5年生苗圃地苗，还可以直接在造林地中嫁接，一般造林地选择林龄2年以上新植幼林，树龄以4~5年为宜。

7.4.2　砧木培育

砧木的培育方法有两种，一种是在造林地直接培育砧木，即在造林地按设计好的株行距栽植砧木，一般每穴栽植 1～2 株，待定植的砧木生长到合理的条件时(5 年生)进行嫁接。另一种是在苗圃地培育砧木，选择 2 年生、健壮的西伯利亚红松幼苗，装入较大的塑料容器袋中，袋中营养土的三分之一应为有机肥，以满足苗木生长过程的需要，待容器苗生长到 5 年生左右时即可进行嫁接。在林区，有时需要对栽植在林下的西伯利亚红松幼苗进行嫁接，但在嫁接之前必须进行抚育，再培育 1～2 年以恢复西伯利亚红松幼苗的健壮长势，然后再进行嫁接。

当嫁接在樟子松上时，树龄最好在 10～15 年以上，嫁接方法与嫁接在西伯利亚红松上是相同的。

7.5　嫁接方法

7.5.1　嫁接时间

嫁接的最佳时间是树液流动的旺盛期，西伯利亚红松嫁接时间为 5 月中旬至 6 月上旬，以新生枝条处于高生长速生期或速生期刚过、白天室外温度达到 15～20℃为宜，此时嫁接成活率高(见附图)。也可在树液刚萌动时嫁接，嫁接后当接穗和砧木完全愈合约 90 天或适当延长，可解除包扎物，同时修剪砧木的所有侧枝和顶尖，对愈合较差的嫁接苗可延缓解除绑扎物或重新绑扎。嫁接后 7～8 年即有大部分植株结实，以后逐年增加，而且不影响木材质量。

7.5.2　嫁接方法

采用黑龙江带岭林业科学研究所王国义等人发明的“红松嫁接技术”—插座髓心形成层贴接法(简称插座法)，操作分以下三个步骤。

(1)削接穗

用刀片将接穗基部，断成斜面，留下 3～5 cm 嫁接用，然后用刀片过髓心切至离顶芽 0.5 cm 处时缓斜将非嫁接部分切除，要 1 刀削成，切忌反复进行，两边韧皮部要保持完好，接穗切面切削要平整光滑，接穗基部削成缓斜形(见附图)。

(2)削砧木

选择比接穗略粗、适合嫁接的一二年生主枝，摘取松针，先在摘叶下部刀口斜下切到木质部，不可过深，避免折断，第二刀在摘叶上端，刀口从上往下通过韧皮部和木质部之间削到第一刀切口，第三刀刀口根据接穗长度，在平面上端斜上切成与接穗上切面吻合的斜断面。

(3)绑扎

必须将砧木上端与接穗下部缓斜面完全结合，并上下对准形成层，左右对齐，用弹性薄膜自下而上绑扎，上端略过切口再往下缠两道打结。每道塑料条要缠紧，不留缝，一直缠到砧木顶端面切口和接穗结合处，把顶口封严再往下缠1~2圈，然后顺绑扎方向绑到露出饱满顶芽为止，要保证不透水、不透风。

7.6 技术要点

7.6.1 操作要点

在操作过程中要贯彻“平、准、净、快、紧”的原则。平是指切口要平，保证砧、穗切面相接层能够最大限度地相切上；准是接穗和砧木对接要准，尽可能吻合，不要再次串动；净是指切口面要洁净，不能带入杂物，刀片勤用酒精消毒；快是指切削要迅速，缩短切口在空气中的裸露时间，防止松脂外溢和水分的消耗；紧是指绑绳要扎紧，一环扣一环，不串位，不扭动，减少松脂外溢，不透雨水，减少外部浸染和水分散发。只要掌握原则的几点，嫁接的西伯利亚红松苗木基本可以成活。

7.6.2 注意事项

嫁接时暂不要剪去砧木周围的侧枝或顶芽，若嫁接后受人为破坏或天气干旱等因素影响，使接穗损坏、枯萎、死掉的，因砧木的主枝不能再进行嫁接，在第二年可利用长势良好、生命力强的侧枝再进行嫁接。利用侧枝做砧木嫁接的植株，可视其长势，培育果材兼用或促进结实。

7.7 管理要求

在嫁接成活后90天，解除包扎的塑料条。由于砧木侧枝的生长量大于接穗的生长量，因此，为了促进接穗的主枝生长，每年春季要进行 1 次修剪，剪除影响接穗主枝生长的侧枝顶芽，在结实后要进行促进结实的修剪。嫁接后养护过程中叶片要常喷水，增加湿度，这样两处形成层才易愈合。经 2~3 个月后，接穗针叶仍保鲜绿，则已成活，可以去绑带。等到秋季气温转凉时，接穗上冒出新芽，即开始生长。到 10~11 月，在接穗上方 2 cm 处，剪去砧木上的枝叶并包扎，以免伤流过多，影响成活和生长，同时去掉嫁接时的绑扎条，便可正常进行养护管理。

7.8 嫁接成活意义及总结

7.8.1 嫁接成活意义

①西伯利亚红松嫁接之后，结实时间可提前 5~10 年。

②西伯利亚红松异砧嫁接到樟子松后形成双色树，不但适于做景观树种，还能促进提前结实。

③通过嫁接培育西伯利亚红松，了解其生物学特性，有利于该树种在大兴安岭林区推广，促使其成为该地的乡土树种。

7.8.2 总结

在试验过程中，通过对传统的针叶树种嫁接方法和插座法进行对比发现，插座法存在以下 3 个方面的明显优势：

①成活率高　插座法的成活率平均可达 95% 以上，而传统的劈接法成活率大约为 85%。

②易操作　插座法的操作过程简单、易学，传统的嫁接法则相对较麻烦，且不易掌握。

③省接穗　插座法只用顶芽，够粗就行，不考虑穗条长度，传统的嫁接法则需要考虑接穗的合适长度，使得适宜采穗的穗条数量大大减少。

8 阿龙山西伯利亚红松研究概况

8.1 阿龙山简介

8.1.1 阿龙山地理位置

内蒙古阿龙山林业局地处大兴安岭西北坡，行政上隶属于呼伦贝尔市，林业经营上隶属于内蒙古大兴安岭重点国有林管理局。地理坐标为121°12′16″~122°44′03″E，51°34′03″~52°05′10″N，东西长123 km，南北宽55 km。东部以大兴安岭主脉与黑龙江为界，东南与汗马自然保护区为邻，南与金河森工公司(林业局)接壤，西与莫尔道嘎森工公司(林业局)相接，北与满归毗邻。林业局经营面积为357 427 hm^2，森林覆盖率为94.97%。

8.1.2 阿龙山自然条件

阿龙山林业局地势东高西低，多为中、低山，坡度较缓，一般25°以下。海拔最高点位于先锋林场境内的奥克里堆山，海拔高1 523 m；海拔最低点位于南娘河林场激流河河岸，海拔506 m。境内河流属于额尔古纳河水系，主要河流为激流河，激流河从南向北，贯穿林业局的乌力吉、阿龙山、塔朗空、阿乌尼等4个林场，在林业局境内全长68.6 km，河宽50~90 m，水深2 m，流速1.2 m/s。河流水量充足，落差大，水流急，雨季暴涨暴落，河岸陡峭，河道弯曲，夏季水温冰凉大概为0~5 ℃。主要支流有阿鲁干河、乌鲁吉气河、阿龙山河、安娘河和阿埃秀卡河。

8.1.3 阿龙山地质与土壤

地质主要由古代结晶母岩所组成。主要岩石有花岗岩、石英粗岩、安山岩、玄武岩。沉岩主要有砂岩、烁岩、片麻岩。成土母质主要为原积物、坡积物、冲积或淤积物。

结合外业调查资料，依据《内蒙古自治区土壤工作分类方案》划分标准，林业局土壤共划分4个土类8个亚类(表8-1)。

该林业局地带性土壤有棕色针叶林土、灰色森林土、黑钙土；非地带性土壤有草甸土、沼泽土。棕色针叶林土分布比较普遍，从山脊到河谷均有分布，草甸土主要分布在阿龙山两岸的岛状宜林荒地及二阶台地。灰色森林土主要分布在山杨、白桦林，沼泽土主要分布在沟谷溪旁。

表8-1 阿龙山林业局土壤调查分类 hm^2

土 类	亚 类	分布面积
棕色针叶林土	粗骨棕色针叶林土	59 463
	棕色针叶林土	135 012
	生草棕色针叶林土	11 621
	表潜棕色针叶林土	87 637
沼泽土	草甸沼泽土	4 748
	泥炭沼泽土	52 697
草甸土	暗色草甸土	330
黑钙土	粗骨黑钙土	354
合 计		351 862

8.1.4 阿龙山气候

该林业局气候属寒温带大陆性季风气候。受西伯利亚冷空气影响，寒冷干燥，夏季湿热短促，温暖湿润。根据《呼伦贝尔市气象资料》记载，该林业局年平均气温为 -5.3℃，一月份平均气温 -30.8℃，七月份平均气温 16.6℃；极端最高气温 35.4℃，极端最低气温 -49.6℃；>10℃年积温为 1 308.9℃，>0℃年积温为1 842.0℃；年均日照时数2 677 h；年均降水量437.4 mm，多集中在7、8两个月，占全年降水量的50%~60%；早霜为8月下旬，晚霜为6月上旬，无霜期为80 d；主要风向为西北风，年均风速为1.9 m/s。

8.2 采种及催芽

在东北林业大学西伯利亚红松协作组专家的帮助下、在内蒙古森工集团

(林管局)党政领导的支持下、在林管局营林生产处、科技处的指导下，以扩大阿龙山林业局西伯利亚红松面积、改变林分结构为目标，2015 年林业局从俄罗斯引进了西伯利亚红松种子。

种子是特殊的生产材料，如何妥善地存放和催芽处理直接关系到育苗、造林等生产实践，西伯利亚红松种子属于中度综合深休眠类型，休眠深度虽不及红松，却比一般松树(樟子松、油松)较深。春播之前若不做催芽处理，播种后迟迟不能发芽，或少量发芽，持续期很长，场圃发芽率很低。阿龙山林业局营林科在东北林业大学西伯利亚红松课题组的支持下，通过大量相关资料，包括赵光仪教授等撰写的《大兴安岭西伯利亚红松研究》，并多次请教赵光仪教授、张海庭教授、刘桂丰教授、宋景和教授以及赵曦阳老师等专家、学者，最后决定在种子的千粒重和种子的活力测定后，采用低温混沙窖藏法进行催芽。

阿龙山林业局西伯利亚红松窖藏催芽技术获得成功

2016 年 6 月，阿龙山林业局西伯利亚红松窖藏催芽技术在林区率先取得成功，1500 千克西伯利亚红松种子进入点籽育苗阶段，半个月后这批西伯利亚红松幼苗将破土而出，经过早期生长和室外驯化，用于未来几年的植树造林。

为攻克西伯利亚红松种子窖藏催芽这一课题，阿龙山林业局多次与东北林业大学专家进行合作交流和学习，结合理论知识和实践经验确定可行性方案后，由林业局购进西伯利亚红松种子，于 2015 年 6 月 6 尝试培植，经过 4 个多月的窖藏培育，种子催芽成活率达到 90% 以上，实现了大规模育苗。

8.2.1 混沙窖设计

(1)选址

选择地势较高，地下水位较深之处。

(2)窖规格

窖深 2.0~2.5 m(大于冻土深度)，宽 1 m，窖的长度根据种子量而定。

(3)其他

利用空闲的平房、楼房，仓库、车库、办公室等，用木板钉成双层的框架，高度在 1~1.3 m 之间，正方形、长方形均可。

8.2.2 种子准备工作

(1)浸种

对新采的自然成熟的西伯利亚红松种子进行精选，然后用清水浸泡3~5昼夜，每日换水。若种子含水量高，浸水1~2昼夜即可，以大部分种子沉底为度。漂浮杂物要及时处理掉，以防病虫传播。

(2)消毒

捞出种子后进行水选，然后对种子进行消毒处理15~30 min(每500 kg种子用高锰酸钾0.5 kg)。消毒后的种子用清水冲洗干净。

(3)混沙

将种子与清洁、新鲜的河沙混合，种沙以比例1∶2或3均匀混合。由于种子是湿的，均匀混拌时，只需加少量水分即可达到种沙混合物要求的湿度。标准为饱和含水量的50%~60%(手握成团，打开时既不出水，而又略成型)。种沙含水量必须适宜，过湿种子易腐烂，太干起不到催芽作用。

8.2.3 入窖

先在框架底铺一层10~15 cm的潮沙，再将种、沙混合物填入。为使种子通气，每隔1 m插入一个通气筒直达地面。种、沙层厚1 m左右，其上再填20 cm的潮沙，加盖防寒物品。设观察口，以便抽查种子，观察其发芽情况。为防止鼠害，应关好窖门。此外，窖藏处不能积水。若种子量少可以浸种、消毒、混沙后置于木箱等容器内(容器必须通气)，放入冷库或室外菜窖内(-1~2℃)。

8.2.4 温度条件控制

种子催芽工作准备完毕后，处理室开始逐渐降温，在种、沙的中间和四个角安装带探头的温度计实时检测其内部温度，并用数字监控器基于手机APP和电脑进行监控，利用温度控制器自动调节室内的温度，使之稳定有序地下降，最终把温度控制在0℃(±1℃)左右，记录日温变化(图8-1)。

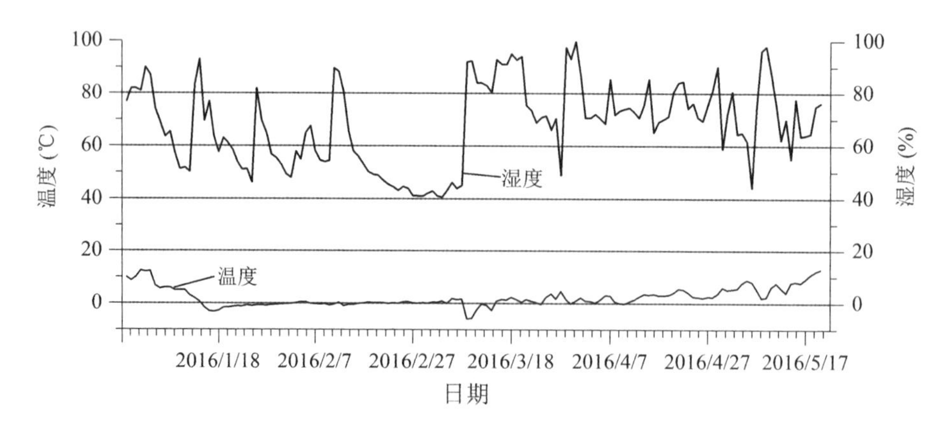

图 8-1 温度湿度观测记录

8.2.5 透气处理

据资料数据表明，当二氧化碳浓度增加到 17% 时，会抑制种子的发芽，甚至毒害种子造成死亡。因此在西伯利亚红松种子催芽处理过程中，要注意处理室中二氧化碳浓度的变化，及时排出种、沙中的二氧化碳和热量，必要时打开通气窗或门通风透气。

8.2.6 定期取样及播种

每隔 20~30d 对种子取样一次，观察其变化，并做好记录。混沙催芽时间约 4 个月后，催芽到位时胚充分发育，胚根直抵发芽孔，黄胚率(胚变黄乃至黄绿色的种粒数所占比例)高于 60%。观察种子的露白情况，露白达到20%~30%时进行播种。临播前如催芽不到位，可提前取出，筛去沙，白天在北风向阳处晾晒增温(注意洒水防止芽干)，晚上堆起防寒，可以加速催芽。有条件的可用以下药剂在播种前处理一昼夜(必须是窖藏催芽好的种子)：GA_3 赤霉素 0.000 5%~0.001%、硼酸 0.007%~0.005%、硫酸铜 0.005%~0.001%、吲哚乙酸 0.000 5%~0.000 1%，清洗后再点播，可以大大提高出苗率。需要注意的情况，种子露白前一定要做好播种准备，一旦达到播种要求，必须立即播种。

8.3 育苗

阿龙山林业局中心苗圃 1991 年建立玻璃钢育苗温室，占地面积 12 亩，广西林业科学研究院研制生产的连体纸杯，以册为单位，每册 88 杯，每册连体纸杯的规格为46 cm×32 cm×12 cm。上山造林时容器相互之间经水浸后胶黏剂溶解，使之分开，分开时杯与杯之间不影响，独立成杯，不会破坏容器内苗木基质和根系。

8.3.1 基质选择与营养土配置

配制基质使用的土壤应选择疏松、通透性、养分良好、无病虫害的壤土，一般就地取土，原土以林区的棕色针叶林土壤为主，使用规格筛筛除土中的石粒和杂质，规格筛大小为1 cm×1 cm，经过驯化的土壤，养分更容易被分解。

基质必须添加适量基肥，提高土壤的通透性和养分，适当增加磷钾肥。一般使用的有机肥是农家肥料，经过堆沤发酵，充分腐熟，粉碎过筛，否则没有腐熟的粪肥，会发热烧伤幼苗。无机肥以复合肥、过磷酸钙等为主，可做底肥，混合在土壤中增加土壤养分，属于长效肥。

为增加土壤的通透性，可在基质中掺入一定比例的锯末，有利于土壤的疏松，但要注意搅拌均匀，消毒要彻底，防治滋生细菌。将过筛后的原土与锯末、腐熟好的基肥，按10∶1∶0.5的比例进行均匀混拌配制成营养土，另加少量的无机肥料。

8.3.2 装杯

营养土的配制一般在第一年的秋末上冻之前进行，第二年的四月下旬及五月上旬营养土解冻后开始装杯。容器育苗所需营养土方量计算：

纸杯规格46 cm×32 cm×12 cm = 17 644 cm^3

1 m^3营养土÷0.017 644 m^3/盘 = 56盘

因此，1 m^3营养土可以装56盘连体纸杯。

8.3.3 土壤消毒及播种

利用微喷将硫酸亚铁水溶液喷洒在苗床上，每亩地大约需要50 kg硫酸亚铁，经过3~4 d土壤稍干后，进行点播。点播前要做种子催芽处理，测算出发芽率。根据发芽率计算播种量。播种时间一般在五月中旬进行，点播量每杯2~3粒。为使苗木生长时避过高温期，通常点播之前不浇水，因为土壤消毒时的水分已足够。点播时每一个纸杯营养土中间用自制的小槌按出一个深度在0.2~0.3 cm的小坑，不宜过深将种子播在坑里，也就是容器的中央，依次成行点播，做到不重播、不漏播。及时覆土，覆土厚度为 1.5～2 cm，过厚不出苗，过薄不扎根，覆土完成后，随即浇水，避免种子失水降低出苗率。在播种期间要保持基质湿润，保证种子顺利发芽。

8.3.4 苗期田间管理

(1)除草

播种结束后要及时打一次除草剂，使表面的杂草一经出土就被杀死，避免与种子竞争水分和营养，保持床面清洁。播种结束 4～7 天后，种子开始破土萌发。萌发后还要进行物理观测，包括场圃发芽率、发芽势、发芽期(子叶下轴弯曲期)、脱壳期、伸直期、子叶张开期、顶芽形成期、根长、根毛数等。如果除草剂效果好，在播种后 14d 左右萌发出第二轮杂草，这时要进行第一次人工除草，在杂草还没有扎根时将其拔出干净，此后要注意观察，一般半月周期要清除一次杂草。发现杂草后，要及时除掉。掌握“除早、除小、除了”的原则，保证容器内无杂草。

(2)追肥

容器追肥时间、次数、肥料种类和施肥量根据树种和基质肥力而定。根据苗木各个发育时期的要求，不断调整氮、磷、钾肥的比例和施肥量。速生期以氮肥和磷肥为主，生长后期停止使用氮肥，适当使用钾肥，促进苗木木质化。将化肥溶解在晒水池里，利用玻璃钢大棚微喷设备进行施肥。为防止幼苗生病，还需要用五氯硝基苯和代森锌继续微喷。

(3)浇水

浇水要适时适量，播种后即浇透水，在出苗期和幼苗生长初期要多次适量勤浇，保持培养基质湿润，防止芽干，造成缺苗空杯。

(4)病虫害防治

本着“预防为主，综合治理”的方针，发生病虫害要及时防治，必要时拔除病株。

(5)其他管理措施

育苗期发现容器内基质下沉，需及时填满，以防根系外露及积水致病。

(6)容器苗出棚驯化

7 月下旬至 8 月上旬，西伯利亚红松苗高达 10 cm、地径 0.2 cm 时，即可出棚驯化，但出棚之前要确保浇一次透水。苗木出圃时间一般不能超过 8 月中旬，苗木出棚驯化时间过晚会造成苗木木质化程度不够，冬季造成冻苗尖的现象(见附图)。

8.3.5　苗木出圃

苗木出圃是育苗过程中最后的环节，该项工作完成的好坏直接关系到苗木的质量，而且还影响到造林后幼苗的成活和生长。苗木出圃的工作主要包括办理手续、起苗、包装、装车、运输及后续处理等环节。

(1)手续准备

根据国务院颁布的《植物检疫条例》，调运苗木必须办理《植物检疫证书》。在起苗前15d左右取得调入方所在地植物检疫机构的森林植物检疫要求书原件或复印件、传真件，到调出地植物检疫机构报检，确定有关检疫事项。

(2)起苗

要根据土壤湿度确定起苗时机，最好是土壤干湿相宜，下大雨后必须等到水渗适宜时再挖；如果天旱土质已经发白，起苗前一天要先浇水，第2天再起苗。起苗的工作人员要有丰富的工作经验，不损伤根皮，不撕断侧根和须根，保证苗木标准要求的根系长度和根幅，最大限度地保护苗木整个根系的完整。

(3)包装

水是维持生命物质、蛋白质及原生质结构稳定的重要物质。通过苗木的晾晒试验可知，苗木含水量是苗木成活的关键，随着晾晒时间的延长，苗木水分散失严重，进而影响苗木活力，苗木栽植成活率降低，因此，在运输过程中，防止苗木水分蒸发散失至关重要。对苗木进行周密细致地包装，能尽量减少苗木水分的流失和蒸发，较长时间地保持苗木水分平衡，为苗木贮藏、运输创造较好的保水环境，尽量延长苗木活力，提高苗木成活率。

西伯利亚红松苗木，一般大地播种可以直接起裸根苗。包装材料可选择蒲包、稻草包、聚乙烯袋、化纤编织袋等。先用黏度比较大的土壤加水调成糊状泥浆，最好加一些生根液，包装时将湿润物放在包装材料上，然后将苗木根部蘸满泥浆，根对根放在上面，当包装的苗木达到一定数量时，将苗木卷成捆，用绳子捆住。由于苗木个体大量聚集，空气无法流通，捆扎不能太紧太多，否则热量难以散发，引起生物热烧苗，造成不必要的损失。

(4)装车

根据以往经验，远途运送西伯利亚红松苗木应该选择保温车，便于随时调整温度以免温度过高造成大的损失，装车时车厢内应先垫木架、木板，加冰块等，既能防止车板磨损苗木，又可保持车厢内的湿度和空气流通（见附图）。苗木装车应根系向前、树梢向后，码放整齐，不要压得太紧，做到上不超高、不要触到保温车厢的顶部，梢不拖地，根部应用苫布盖严，中间加放两个温度计随时观察温度，并在苗木之间加冰块以达到降温效果。

（5）运输

苗木运输途中的交通、气候等情况较为复杂多变，要派专业技术人员随车同行，及时处理路途中可能出现的技术问题。短途运苗，途中不要停留，直接运至目的地；长途运苗，裸露根系易吹干，应及时洒水，保持树根部湿润，中途休息时车辆应停放在荫凉处，遇到特殊情况应及时停车处理。

（6）卸车及后续处理

苗木运至目的地后应及时按要求栽植，未能及时栽种的苗木，应采取假植措施，可在施工点附近挖假植浅沟，将苗木顺应风向斜置于沟内，按树种及顺序整齐排列，然后在树根部覆盖细土，喷洒适量水分保湿。

中国渐危物种西伯利亚红松在内蒙古人工培育成功

内蒙古大兴安岭林区是以兴安落叶松和白桦为主的重点国有林区。较为单一的树种，使树木的抗逆、抗疫性越来越脆弱。

为改变这种状态，1990 年，阿龙山林业局开始引进西伯利亚红松，建起西伯利亚红松采穗圃和良种基地。西伯利亚红松在中国属于渐危物种，树龄可达 500 年，材质优良，防腐、耐用，是珍贵的林化工业原料，在中国仅产于新疆阿尔泰山西北部，分布面积十分狭小。

经过二十多年的培育，第一批种下的六千多株西伯利亚红松树苗中不仅能在苗圃安全越冬，而且完全适应早冻晚霜的气候，至 2014 年，6 万多株俄罗斯西伯利亚红松树苗被引种至阿龙山森工培育基地，目前西伯利亚红松长势良好，其平均树高已达 3.7 米，最高的达 5.1 m，部分树苗已经挂果。进入速生期。这标志着中国渐危物种西伯利亚红松在内蒙古人工培育成功。

8.4　造林

8.4.1　造林地选择

选择郁闭度0.6以下的桦树林或落叶松林作为造林场地，造林一定要做到适地适树。适地适树就是造林时要根据造林地的气候、土壤、地形等环境条件，选择适宜在这种条件下生长的树种，做到“地”和“树”的和谐统一。如果造林地选择不当，造林成活率就没有保证，即使成活，林木也可能生长不良。结果是造林不见林，成林不成材，导致很大的资源浪费。由于西伯利亚红松是温带湿润气候条件下生长的树种，所以在内蒙古大兴安岭林区部分地区营造该树种，都容易成功。在造林地块上，应选择排水良好，土壤肥沃，土层较厚的山坡地。选择地势平坦，排水不良的地方，造林后容易产生冻拔害，保存率低，生长不良。表土层腐殖质厚度应在10 cm以上，并以森林壤土为佳。利用林中空地、疏林地、灌木林地段进行局部更新造林时，可通过观察现有造林地块上的植物，来确定是否适宜营造西伯利亚红松。

8.4.2　造林整地

造林整地的目的是为改善造林地的环境状况和创造适宜于幼苗幼树生长发育的条件。整地对于消灭造林地杂草有显著的作用，给今后幼林抚育除草带来方便。在西伯利亚红松造林整地时，根据造林地的状况可采取带状整地、块状整地和反扣草皮3种方法。

(1)带状整地

在灌丛较多，杂草繁茂的地方宜采用带状整地。带状整地要横山或斜山坡方向进行，这样有利于保持水土。带宽一般50 cm×50 cm，深度20 cm左右。带间距离要根据造林的行距来确定。整地前先要割掉灌丛，割灌的宽度要比整地再宽一些，一般为1~2 m。整地时挖去草皮，打碎土块，拣除石块、树根等杂物；

(2)块状整地

在灌丛较少，杂草生长不太旺盛，并且容易产生水土流失的斜坡上，宜采取块状整地。整地规格是长宽各60 cm，深30 cm左右。带状和块状整地一般是在秋季土地封冻之前进行，第二年春造林；

(3)松土整地

松土整地，也可在春季造林时进行，边整地边造林，在杂草生长旺盛尤其以杜香为主的林分内选择反扣草皮的整地方法。

8.4.3 造林密度和树种配置

造林时单位面积上种植的株数称为造林密度，造林过稀或过密，对林木的速生丰产，以及木材质量的提高等方面均有一定的影响。造林过稀，幼林长期不能郁闭，林地暴露，杂草丛生，需要增加松土除草次数，同时导致干形尖削粗短，分枝过多，材质变差。造林过密，不仅浪费种苗，而且还影响林木生长发育，降低木材的质量和产量。因此，造林必须事先确定合理的密度，一般每公顷造林 4 400 株为宜(株行距 1.5 m×1.5 m)。在交通运输不便，劳力不足，抚育间伐有困难的地方，密度可以再稀一些，每公顷造林 3 300 株(株行距 1.5 m×2.0 m)。营造西伯利亚红松果林更要稀一些，每公顷造林 2 200 株(株行距 2.0 m×2.0 m)。从生产实践分析，上述造林密度，对提高林分生产力和间伐材的利用率，节省苗木、劳力和投资等均是比较合理的。

8.4.4 造林季节与方法

(1)造林季节

西伯利亚红松造林在春季、雨季、秋季都可进行。目前营造西伯利亚红松林一般都是采取春季顶浆造林。所谓顶浆造林，就是在早春土壤刚解冻约 15 cm 深时就开始造林。此时土壤墒情好，栽后苗木容易扎根，成活率高；同时由于适时早栽，延长了生长期，可以加速幼树的生长。雨季造林，要在下过透雨之后或阴雨连绵期间进行，不然不易成活。秋季造林，宜在不易发生冻拔害的地方进行。

(2)造林方法

至于西伯利亚红松植苗造林的方法，要根据土壤条件及苗木大小决定。如果土壤比较干燥、坚实，苗木较大，可采用明穴造林法；土壤湿润、疏松，苗木较小，可采用窄缝造林法。明穴栽植就是在整地的穴上挖坑。坑的大小应根据苗木根系大小决定，原则是要苗根舒展，周围稍大一点合适。栽西伯利亚红松 3~4 年生苗，挖坑时，要把土块打碎，拣净草根石块。栽植时，手置苗木于坑正中，将表土壤填进坑内，填到一半时，把苗木略向上提，防止窝根，并用脚轻轻踩实，使苗根与土壤密接。再把其余的土壤填进坑内，用脚把苗木周围的土壤踩实。最后在树坑上再覆一层细松土，以免坑中土壤水分蒸发过快。这可概括为"三埋两踩一提苗"，不论栽什么树，凡采用明穴造林法，都要注意掌握这个要领。

窄缝栽植比较省工，它既不破坏土层结构，又有利于防止幼树冻拔害的发生。在内蒙古大兴安岭林区采伐迹地上营造西伯利亚红松、落叶松一般都是采用这种方法。栽苗前先铲去整地穴上的表皮，然后用植苗器扎下，把容器苗植入、把土壤踩实。栽植时要求不窝根，不露根，踩实，苗正，穴面平，不出马蹄坑。另外，为保证造林苗木的成活和质量，植苗造林必须在栽植前把苗木保护好，特别是要保护好苗木的根系，使它在栽植后能很快地恢复生理活动，及时供应苗木在成活和生长中所需养分。因此，在造林时，一定要保持苗根湿润不得任其风吹日晒，造成苗木生理失水。苗木运到造林地后长时间不用，要临时假植起来，随栽随取。每次取苗不要太多，取出的苗木应放在装有吸水剂或泥浆的小桶中。由于苗木虽然在出圃时经过了选苗，但往往选的不细，还夹杂有坏苗，运输过程中也常常碰伤一些苗。所以，在栽植时还要边栽边选，凡是细弱、枯萎、染有病虫害、根系不发达以及没有顶芽的苗木均不宜用来造林。

8.4.5　营造混交林

营造西伯利亚红松混交林是培育速生丰产林的重要措施之一。从西伯利亚红松天然林的树种组成和结构来看，很少有纯林，大部分是与阔叶树以及落叶松、樟子松等针叶树混交。这类复层混交林，由于具有一定数量的阔叶树和灌木层，其枯枝落叶量比西伯利亚红松纯林多，土壤肥分高，蓄水性能好，有利于林木生长。

此外，混交林对防止森林火灾和病虫害，也能起到良好预防效果。因此，应大力提倡营造西伯利亚红松人工混交林。西伯利亚红松与阔叶树混交，要按土壤和地形条件来选择混交树种。可以采取林冠下造林和留阔栽针的办法培育西伯利亚红松针阔混交林。林冠下造林就是在阔叶疏林地里，见缝插针栽植西伯利亚红松，经过一段时间之后，伐去上层阔叶树，利用阔叶树天然林下种或伐根萌芽，形成混交林。留阔栽针就是在疏林改造或采伐迹地人工更新时，保留有培育前途的阔叶树，其间栽植西伯利亚红松，从而形成西伯利亚红松阔叶混交林。

8.4.6 营造西伯利亚红松材果兼用林

采用清林、割带、整地的方式整理造林场地，割带宽度 4 m，保留带 4 m，在割带内伐去限额以外的杨、桦木，保留肥料木和灌木，利用一级 S2－1 型容器苗营造材果兼用林，实现坚果丰产不仅需要优良品种，还需要选择良好的立地条件。因此，根据西伯利亚红松的生长习性选择高地位级、背风向阳、坡度 5°~ 15°的山腹下中部，土壤深厚肥沃、排水良好、无水土流失，低于 15 年生的桦树、落叶松次生林地最佳。

8.5 研究成果

8.5.1 西伯利亚红松生长量

西伯利亚红松具有早期生长缓慢、幼年比较喜阴的特点，是林冠下造林的理想树种。表 8-2 分别选择 5 年和 15 年生西伯利亚红松苗木 4 组(每组 10 株)记录当年生长量。经调查分析，西伯利亚红松造林后生长缓慢，平均每年高生长量 3. 4 cm；15 年后平均高生长达到 27. 3 cm。

表 8-2　5 年生与 15 年生西伯利亚红松树高及其生长量　（cm）

		序　号	1	2	3	4	5	6	7	8	9	10	平均生长量
5年生西伯利亚红松苗木	第一组	树高	18	14	20	20	16	14	20	20	20	22	
		生长量	3	2	3. 5	3	2	2	3	3	3	3. 5	2. 8
	第二组	树高	18	14	22	14	16	15	12	14	20	21	
		生长量	3	2	3. 5	2	3	2	2	3	3. 5	3. 5	2. 75
	第三组	树高	19	22	14	20	14	32	34	21	14	35	
		生长量	3	3. 5	2	3. 5	2	7	6	4	2	3	3. 6
	第四组	树高	40	43	20	34	19	33	24	29	39	24	
		生长量	6	6. 5	5	5	2	4	4. 5	4. 5	6	2	4. 55
15年生西伯利亚红松苗木	第一组	树高	450	250	370	300	400	430	410	240	310	350	
		生长量	50	30	40	30	50	40	50	20	15	30	35. 5
	第二组	树高	480	350	480	520	350	250	500	380	360	400	
		生长量	50	40	55	25	30	22	18	20	22	25	30. 7
	第三组	树高	240	280	430	500	470	430	450	290	420	470	
		生长量	10	23	28	30	32	28	29	18	21	24	24. 3
	第四组	树高	450	460	450	430	490	370	320	310	370	370	
		生长量	20	13	13	24	18	16	18	21	23	21	18. 7

8.5.2 西伯利亚红松长势

自1990年阿龙山引种西伯利亚红松以来，目前早已形成西伯利亚红松林，一直未见病、虫、鼠、风、霜、冻等灾害，且生长较快，并有开花结实，根据其诸多生态生物学特性表现分析，西伯利亚红松完全可以引入林业局施业区。经过5年的实验研究表明，在同样的造林场地同时造西伯利亚红松和樟子松，西伯利亚红松不发生任何病害和鼠害，而樟子松极易发生鼠害，个别场地樟子松鼠害是百分之百，西伯利亚红松则未受任何侵害。2015年5月1日，阿龙山林业局从吉林汪清购进50万株5年生西伯利亚红松苗，苗木刚刚假植完成，就经历一场大雪，随后在6月1日到5日连续5天霜冻使已装好苗杯驯化的西伯利亚红松苗受冻严重，同年9月份上山造林，目前长势良好。

8.5.3 生物多样性保护

西伯利亚红松因耐阴，松籽可食用，可与当地乡土树种形成复层异龄混交林；每一具体林分，皆可通过采种、择伐实现永续利用，故西伯利亚红松对保护物种多样性和自然群落的异质性有着重要的意义。

8.5.4 采穗圃建立

目前，阿龙山林业局已有一定面积的西伯利亚红松人工林，且长势喜人，因此，该局结合自身地理条件、林区森林资源现状，建设有阿龙山林业局西伯利亚红松良种基地，其中包括采穗圃300亩，并且计划在3～5年内增加到5 000亩。2016年，根据作业设计，通过人工抚育、割灌除草等方式，使基地林分内杂草杂灌丛生的状况得到改善，为其茁壮生长提供有利条件，培育出符合条件的优质穗条。

阿龙山现存野生西伯利亚红松约50株，都可进行采穗；此外，满归林业局及新疆阿尔泰地区也有可供采穗的西伯利亚红松，也有望以后到俄罗斯西伯利亚红松种子园进行采穗。

阿龙山营林科负责人于2016年、2017年到我国新疆阿尔泰地区采集了西伯利亚红松穗条2万余株，并聘请黑龙江王国义教授等专业人员进行嫁接指导，砧木主要采用阿龙山培植的西伯利亚红松大苗和樟子松，现已成功完成嫁接。据统计2016年嫁接成活率70%左右，有资料数据表明，西伯利亚红松未嫁接时需20~50年才结实，嫁接后有望在3~5年后即可结实。这项技术的应用，使西伯利亚红松提前结实成为可能。

8.6 远景规划

阿龙山林业局计划在未来5年中，每年培育200万株优质西伯利亚红松苗，并改造兴安落叶松母树林1 000亩，形成西伯利亚红松母树林。另外，还要建设西伯利亚红松人工用材林(科研性)10 000亩以上，营造上万亩的人工林，特别是珍贵的西伯利亚红松林，应该集中、成片地选择造林地，不仅便于造林质量的管理，也利于今后的集约经营。这是一项长期林业经营管理的基础工作，起好步十分重要。

西伯利亚红松在大兴安岭林区扎根成林

在大兴安岭林有片显得格外不同的树林，即外来珍贵树种——西伯利亚红松，在阿龙山林业局共有六块，是1996年由东北林业大学赵光仪教授帮助引入扩种的。目前，于20年前野外引种栽植的1.5万株已经成林，成为林区最大片的。这些西伯利亚红松长势良好，部分已结实。

松林中，每株树木上都有一个塑封的二维码挂牌。技术人员手持扫码器扫描后，仪器上显示出树木的树龄、树高、胸径、地径、生长量、侧枝长度等基本情况。

营林科科长马立新带领技术人员将二维码技术应用到西伯利亚红松的信息储存中，采用新技术管理珍贵树种，实现了互联网+珍贵树种培育。他们对每一片西伯利亚红松林里的每一株红松，进行过仔细的测量，认真做好记录，挂上号牌，将每株树的相关数据录入电脑，然后利用网络将每株树的相关数据生成独立的二维码，制作成二维码挂牌，对号到树，悬挂到每株树上，由此建立西伯利亚红松的数据库。2014年，《利用二维码技术保护珍贵树种》课题，被评为内蒙古自治区质量科技成果一等奖。

为扩大西伯利亚红松面积，改变林分结构，2012年，阿龙山林业局成立西伯利亚红松珍贵树种引种试验科技攻关小组。该小组共计六人，平均年龄26岁，主要攻关项目为西伯利亚红松引种试种、大苗抚育、信息化管理等。近三年来，西伯利亚红松在阿龙山造林面积累计已达3万余亩，合计60余万株，嫁接2万余株，2016—2017年共计育苗550余万株、采穗圃建设300亩，成果得到了国家林业局造林绿化管理司、中国林林业科学研究院、国家林业局调查规划设计院等主管部门和单位以及专家的高度评价。

营林技术人员多次与东北林业大学专家合作，在确定可行性方案后，由阿龙山林业局购进西伯利亚红松种子，尝试育苗、造林。由于试验规模不断扩大，西伯利亚红松栽培面积不断增加，随之对繁殖材料的需求也日益增多。为了大力发展良种造林，2016年以来，技术人员到新疆阿尔泰山保护区选择优树，采集西伯利亚红松穗条，并打捆、注明采取穗条的母树树号。为保持穗条的活性，利用保温箱、冰块等措施将穗条包装运输回来，通过嫁接建立无性系采穗圃、收集区和种子园。2016年，技术人员采用黑龙江带岭林业科学研究所王国义发明的红松嫁接新技术——“插坐髓心形成层贴接”法，以西伯利亚红松为砧木，在苗圃嫁接1 000多株，当年成活率达70%以上；2017年，在苗圃和山上林班分别用樟子松、西伯利亚红松和偃松为砧木，嫁接2万株，这些技术的应用，使西伯利亚红松提前结实成为可能。技术人员根据穗条上标注的母树树号，将相同树号的穗条嫁接的苗木统一分组管理。完成嫁接之后，为防止同株授粉，他们根据穗条上标明的母树树号，确定每株嫁接苗的定植顺序、位置等，争取将近代树号的穗条隔离开，然后将嫁接苗木有序的进行定植，并适时进行浇水、除草等培育措施，确保嫁接苗木获得充分的光照和养分，保证成活率。

西伯利亚红松是一种集用材、坚果、粮油、保健功能为一体的优良树种，其寿命长、生长后劲足。西伯利亚红松的引种为林区发展森林经济、延长产业链提供了一个全新的渠道，既可用于营建保水固土和生产松籽为主的生态经济林，又可用于营建木材战略储备和生产松籽为主的材果兼用林。阿龙山林业局计划在未来五年中，每年培育200万株优质西伯利亚红松苗，形成西伯利亚红松母树林。另外，还要建设西伯利亚红松科研性人工用材林10 000亩以上，营造上万亩的人工林。

9　二维码在西伯利亚红松培育和保护中的应用

9.1　应用现状及意义

9.1.1　二维码概述

国外对二维码技术的研究始于20世纪80年代末，在二维码符号表示技术研究方面已研制出多种码制，常见的有PDF417、QR Code、Code 49、Code 16K、Code One等。这些二维码的信息密度都比传统的一维码有较大提高，如PDF417的信息密度是一维码的20多倍。在二维码标准化研究方面，国际自动识别制造商协会(AIM)、美国标准化协会(ANSI)已完成了PDF417、QR Code、Code 49、Code 16K、Code One等码制的符号标准。国际标准技术委员会和国际电工委员会还成立了条码自动识别技术委员会，已制定QR Code的国际标准(ISO/IEC 18004：2000《自动识别与数据采集技术—条码符号技术规范—QR码》)，起草了PDF417、Code 16K、Data Matrix、Maxi Code等二维码的ISO/IEC标准草案。在二维码设备开发研制、生产方面，美国、日本等国家的设备制造商生产的识读设备、符号生成设备，已广泛应用于各类二维码应用系统。二维码作为一种全新的信息存储、传递和识别技术，自诞生之日起就得到世界上许多国家的关注。美国、德国、日本等国家，不仅已将二维码技术应用于公安、外交、军事等部门各类证件的管理，而且也将二维码应用于海关、税务等部门各类报表和票据的管理，商业、交通运输等部门商品及货物运输的管理、邮政部门邮政包裹的管理、工业生产领域工业生产线的自动化管理。

我国对二维码技术的研究开始于 1993 年。中国物品编码中心对常用的二维码 PDF417、Data Matrix、Maxi Code、Code 49、Code 16K、Code One 等技术规范进行了翻译和跟踪研究。随着我国市场经济的不断完善和信息技术的迅速发展，国内对二维码这一新技术的需求与日俱增。中国物品编码中心在原国家质量技术监督局和国家有关部门的大力支持下，对二维码技术的研究不断深入。在消化国外相关技术资料的基础上，制定有两个二维码的国家标准：二维码网格矩阵码（SJ/T 11349—2006）和二维码紧密矩阵码（SJ/T 11350—2006），从而大大促进了我国具有自主知识产权技术的二维码研发。

9.1.2　应用现状

大兴安岭林区是我国唯一的寒温带针叶林集中分布区，是我国北方生态屏障的重要组成部分，其生态地位和作用十分重要。林区总面积为 $10.67\times10^4hm^2$，因树种相对单一，森林产品质量不高，在发挥森林生态系统经济效益、社会效益方面功能较差。此外，该区主要树种皆强阳性，多为清一色的单层同龄落叶纯林，成、过熟后只能皆伐（或渐伐），即使及时更新，轮伐期内基本发挥不了保水固土作用，且只能再次形成同龄林（或相对同龄）。因此，如何增加树种数量、解决树种单一的问题是林区广大林业工作者一直探索研究的课题，而引种扩繁西伯利亚红松是解决上述问题的有效途径之一。引进栽培西伯利亚红松，对丰富我国寒温带森林树种组成、改善森林品质、提高综合效益，具有重大战略意义。

西伯利亚红松主产于俄罗斯的西伯利亚地区，广泛分布于欧亚泰加林带，种内变异非常丰富，存在大量优异种质资源。该种与东北红松近缘（皆单维亚属红松组），性状多相似，材、果兼优。与红松相比，西伯利亚红松虽种粒较小，但种壳较薄，不仅容易去皮，而且种仁占松籽全重的比率达 47.3%，明显高于红松的 33.8%，是很理想的保健食品。此外，该松具有极强的耐寒性，水平分布向北进入极圈（68.5°N），垂直分布达树木上限，分布区内绝对低温曾达 -67℃（红松约为 -50℃），是寒温带针叶林（即泰加）著名成林树种，与之相比，东北红松在大兴安岭极端低温年份则会遭受冻害。

大兴安岭林区引种近 20 年来，在育苗、嫁接等技术方面进行了深入探索研究，但在造林方面尚未形成规模，在坚果林营建方面也没有成熟的技术经验可供参考。因此，通过对西伯利亚红松原产地的保护性利用，建立起西伯利亚红松良种繁育基地，营造出西伯利亚红松坚果树种高经济价值示范林，探索并完善西伯利亚红松综合开发利用经营管理技术，为西伯利亚红松推广奠定技术基础。

阿龙山林业局1994年开始引种栽培西伯利亚红松，现存场地5块，总面积约60 hm^2。分别在塔朗空施业区41林班、阿龙山施业区8林班、阿龙山94林班，阿龙山施业区91林班、阿北施业区94林班。塔朗空施业区41林班于1994年进行栽培，2010年调查时现存面积4.7 hm^2，存活1 700株，树高介于0.7~3.8 m，地径为1~7 cm，年高生长量最大为70 cm。阿龙山施业区8林班也于1994年栽培，2011年调查时，面积9 hm^2，存活3 400多株，树高分布于1~4.5 m之间，地径在1.2~9 cm范围内，年高生长最高可达110 cm。阿龙山施业区91林班于1999年栽培，面积约5 hm^2，存活约2 000株、树高为30~70 cm。另外在阿北苗圃院有十几株1994年以前栽培的西伯利亚红松，树高为5~6 m，胸径为8~12 cm，没有结实；先锋施业区有天然苗1株，胸径28 cm，树高14 m，现已结实。

近年来，随着木材逐年减产，国家加大了对森林抚育的投入，特别是对珍贵树种的保护和培育。2013年8月12日，国家林业局下发《国家林业局关于进一步加快林业信息化发展指导意见》，全国林业要进一步加快林业发展步伐，更加的推进生态林业建设、民生林业建设。林业信息化是解决林业发展难题，创新林业发展平台，促进林业发展方式的转变，也是全面提升林业质量效益的关键。在林业改革发展进程中，林业信息化发挥着基础性、支柱性和先导性的作用，没有林业信息化就没有林业现代化。第二年，阿龙山林业局营林科营建了西伯利亚红松珍贵树种良种基地，同时还利用二维码技术，通过调查阿龙山施业区野生和人工西伯利亚红松的树高、生长量、胸径、萌动期、结实量及地理方位，并进行整理、归纳，组建成了西伯利亚红松的电子信息化数据库(表9-1)。

阿龙山林业局营林科自2012年7月1日成立以来，QC小组致力于阿龙山林业局各施业区内所有林班珍贵树种的调查、森林经营等工作。

表9-1　2012—2014年西伯利亚红松各信息情况(1万株的平均值)　cm

年份	树高	生长量	胸径	地径	侧枝长	萌动期	结实量
2012年	254	17	3.1	4.1	44	5月15日	无
2013年	270	16	3.2	4.4	48	5月23日	有
2014年	284	14	3.4	4.8	51	5月6日	待查

9.1.3 应用意义

将二维码应用到林业珍贵树种的培育和保护中，用新的信息技术构建管理高效有序的信息服务平台，促进林业智能化管理和便捷服务的有机统一，以信息手段为林业产业提供全方位服务。

珍贵树种作为一种宝贵的自然资源，是自然环境中的重要组成部分，在森林生态群落中也是主要的建群种，具有特殊的生态价值和经济价值以及生物学地位。珍贵树种多数分布在天然林中，少数为人工栽培，这些树种对于扩大资源，保存优良基因，增加生物多样性，维系生态平衡，促进产业转型均有重要意义。

9.2 二维码应用类型及方式

二维码具有储存量大，保密性高，追踪性高，抗损性强，成本低等特性，这些特性可以广泛应用于各行各业。

9.2.1 被读类业务

应用方将业务信息加密、编制成二维码图像后，通过短信或彩信的方式将二维码发送至用户的移动终端上，用户使用时通过设在服务网点的专用识读设备对移动终端上的二维码图像进行识读认证，作为交易或身份识别的凭证来支撑各种应用。

9.2.2 主读类业务

用户利用手机拍摄包含特定信息的二维码图像，通过手机客户端软件进行解码后触发手机上网、名片识读、信息对接等多种关联操作，以此为用户提供各类信息服务。

9.3 二维码在培育和保护珍贵树种方面的作用

9.3.1 建立身份证和电子档案

二维码应用到林业珍贵树种的培育和保护就是为珍贵树木配备电子档案和

身份证，通过身份证中包含珍贵树种的地理位置，生长环境，种源，分布情况以及在特定周期内的树高、胸径、侧枝长、生长量、受自然灾害和人工抚育情况等信息，同时这些信息也被同步录入到电子档案。

9.3.2 保护和研究作用

通过现地扫描二维码获得的信息内容和现地观察到的情况进行对比，分析珍贵树种是否受到自然灾害或人为破坏；在珍贵树种的培育中，二维码可记录从幼苗到成材再变成产品进入市场时的具体过程，可以起到质量追溯的功能。因此二维码牌对珍贵树种有重要的保护和研究作用。

西伯利亚红松的双重身份证

2014 年 6 月 26 日，在内蒙古自治区根河市莫尔道嘎举办的 QC 成果评审会上，内蒙古大兴安岭林管局阿龙山林业局申报的《利用二维码技术管理林区珍贵树种》荣获 2014 年度内蒙古自治区质量科技成果一等奖。

近年来，为响应国家林业局把珍贵树种经营管理纳入到林业信息化管理的号召，阿龙山林业局营林科对林业局施业区内的所有珍贵树种进行了调查，为使施业区内西伯利亚红松的调查工作提升到一个新的高度，他们成立了 QC 小组，建立了西伯利亚红松珍贵树种良种基地。随着对基地经营工作的进展，小组决定解决西伯利亚红松有关数据调查中存在的统计量大、难以存档及为以后科研工作难以提供准确数据的现象，决定采用二维码管理模式。他们把调查采集的数据录入到电脑，在软件系统中自动处理、形成二维码，给西伯利亚红松建立电子信息档案，让大家在互联网信息库中能够资源共享。

从此，西伯利亚红松在林区有了双重身份证，即电子身份证和纸质身份证。

参考文献

国家林业局长防办．四川省林业勘查设计院．2007．LY/T 1690—2007：低效林改造技术规程[S]．北京：中国标准出版社．

谢华．2008．杉木人工林抚育间伐效应研究[D]．合肥：安徽农业大学．．

赵文智，宝音．1999．河北坝上疏缓丘陵华北落叶松人工林生长特性研究[J]．中国沙漠，14(4)：66－73．

朱成秋．1999．森林抚育间伐的效果分析[J]．吉林林业科技，(2)：43－46．

王双贵，张晓娥，张建军，等．2002．六盘山林区华北落叶松人工林抚育间伐合理密度的研究[J]．宁夏农学院学报，23(3)：12－14．

李春明，杜纪山，张会儒．2007．抚育间伐对人工落叶松断面积和蓄积生长的影响[J]．林业资源管理，(3)：90－93．

徐高福，余启国，孙益群，等．2010．新时期森林抚育经营技术与措施[J]．林业规划调查，35(5)：131－134．

邢伟，程丽秋．2007．加强森林抚育、低效林改造是恢复森林生态系统的有效途径[J]．林业科技情报，39(3)：6－7．

施双林，薛伟．2009．落叶松人工林抚育间伐技术的研究[J]．森林工程，25(3)：53－56．

于超然．1993．二龙什台国家森林公园[J]．内蒙古林业科技，12：13－13．

郑万钧．1983．中国树木志(第1卷)[M]．北京：中国林业出版社．

后　记

一、解开“漠河红松”之谜

——大兴安岭西伯利亚红松研究的回忆　赵光仪

“漠河红松”自20世纪50年代初为我国林业界发现以来，对于其来源曾引起种种猜测和传说，近来更有人以“飞来松”为名，编织故事，使它更带上几分神秘色彩。从20世纪60年代初期发现“漠河红松”，至20世纪80年代最后一个月研究成果被鉴定认可，期间经历了近三十个春秋。这三十年来，对“漠河红松”的认识和变化，特别是后十年的调查、研究与争论，波澜起伏、情节跌宕，回味无穷。限于时间，现暂写一点回忆，总结研究过程，以飨读者。

一、从怀疑到推断——问题是怎么被发现的

(一)连串的问号

“漠河红松”能作为一重要的问题被提出，是有一个长期的怀疑、困惑和研究过程的。

由于红松天然分布区属于温带季风成分，因此，20世纪60年代初第一次听到漠河红松的消息，我们就有些怀疑。历史上，由于漠河金矿一度繁盛，曾有因红松籽作为副食品运往金矿途中散落成树的传说。1963年，据聂绍泉同志口述，漠河红松并非几棵小树，他在门都里河曾见过大树。既有小树，又有

大树，人为落种已不能自圆其说，其真正起源益发引人思考。

1963 年，我们初进大兴安岭，调查中，在靠近金沟林场的地方又发现一片红松幼树，有二三十株，生长正常。这些幼树远离天然分布区却如此适应，令人奇怪，实在不敢相信是红松，因此在采集簿上写成“偃松”。当时曾设想——能否是偃松因生态条件适宜而直立起来了？

20 世纪 70 年代初插队归来，有幸与前辈于士海工程师结识。于老 20 世纪 40 年代初毕业于林学本科，一直在黑河地区工作，对大兴安岭植被了解颇深。当他知道我们对植物地理有兴趣，并曾研究过大兴安岭发现的红松后，便提出了“红松林北界到底在哪”的问题，并谈了“以他所见应该在爱辉胜山”的想法。漠河、胜山远隔千里，不仅漠河出现红松大树无法理解，即使不只着眼于幼树，人为播种也令人生疑，因为漠河是由黑河沿江而上的最后一站。在往昔，任何东西运往漠河，都是从黑河（或嫩江）一站一站进入的。难道红松籽只丢落到漠河而不丢落别处？红松籽既然能在漠河发芽、生长，在别处何以不能生长？

后来知道这些问题实际也是于老长期困惑的问题。这一连串的问号，虽然当时未能认真求解，但却牢牢留在心头思索再三。今天看来，如果没有当年这一连串的困惑我们两代人的宝贵问号，红松误称的纠正和西伯利亚红松的发现都是不可思议的。值得一提的是，知道漠河红松的人很多很多，其中多数同志一直把这归结为偶然性，而不加介意。但是每一个学过辩证法的人都懂得，任何偶然的背后都存在着必然。对于漠河红松，发芽的具体时间、具体地点虽属偶然，但在北纬 53°能长出红松，这就需要一系列因素的满足，我们感到这实质是红松到底能不能适应漠河气候条件的问题，怎么能只用偶然性就一推了事呢！

（二）认识的飞跃

然而，从对“漠河红松”的长期困惑，到提出它是西伯利亚红松的推断，中间却存在着相当大的距离，这一段距离是经过相当艰难的研究过程走完的。

1976 年“四人帮”倒台后，学术界开始活跃，在时代大潮的推动下，我们重新开始了有关大兴安岭植被地带性质的探索，在论证大、小兴安岭间经度地带性的深刻差异时，首先发现臭冷杉（*Abies nephrolepis*）和西伯利亚冷杉（*A. sibirica*），东西相对的一对亲缘种；继而发现红松位于大兴安岭东南，西伯利亚红松位于其西北，也是一对大兴安岭所隔开的亲缘种。

由于此前对大兴安岭植被地带性实质的新构想已具雏形，一次在面对两种红松于大兴安岭毗邻区的相对分布时，念头一闪——“漠河红松”莫非即西伯利亚红松？这时自己犹如发现宝山般激动，深入研究的欲望如燎原之火，无法停息。就毗邻的前苏联资料连续查核，证据层出不穷，终至笃信不渝，竟在1980年的一次学术报告会上脱口而出，予以公开。这在没有调查证实前看似不够严肃，甚至会招致非议，但我们坚信，科学应能预见；科学如果仅限于描述已知，那么再高深的科学也将失去光彩。

这一推断的提出，的确是认识上的一次飞跃，对整个研究具有决定性的意义。从对“漠河红松”的长期困惑，忽然想到它是西伯利亚红松的可能，看似“飞来之笔”，实则是长期探索和思考的产物。而我们对“大兴安岭植被地带性实质”的理解，则是形成这一推断的认识基础。

“漠河红松”究竟是不是西伯利亚红松？红松在大兴安岭究竟是否有分布？二者的界限究竟分别在哪里？一连串重要的问题，终于明确提出。今天回过头来审视，如果不是30年前开始出现的那一系列问号，如果不是从一系列怀疑困惑到明确提出问题，形成判断，要认真研究与解决这些问题是完全不可想象的。正如一位先哲所言：提出一个问题往往比解决一个问题更重要。因为解决一个问题也许仅是一个数学上或实验上的技能，而提出新的问题，新的可能性，从新的角度去看新的问题，却需要有创造性的想象力，而且标志着科学的真正进步。

二、连续苦战

问题既以明确，怎样解决呢？

我们当时分析，如果“漠河红松”是红松，则向东南还应有红松分布，反之“漠河红松”是西伯利亚红松，向西与它的连续分布区之间很可能还有西伯利亚红松。为此必须环大兴安岭进行考察。

（一）跋山涉水90天

考察自1980年7月中旬开始，历时约90天，大体分两步：第一步由漠河沿江而下，寻找红松：第二步由牙克石顺大兴安岭西坡北上，寻找西伯利亚红松。

我们8月初到了漠河，首先去看“红松”。小枝毛被淡黄，气孔线少于六条，全属西伯利亚红松特征，形态上首先说明推断正确。接着开始向东寻找红松，8月初自漠河出发，经图强、阿木尔、塔河、十八站、韩家院子、金山、呼玛直至三卡，始终未闻红松线索。结果没有超出于老的信息，胜山以北确无红松。

由于西坡开发较晚，寻找西伯利亚红松难度更大。我们先到牙克石，经广泛座谈，虽未闻西伯利亚红松，却听到了阿龙山、满归一带有直立偃松，隐约看到了寻找的希望。

8月末出牙克石经海拉尔、恩和、吉拉林、太平川到了莫尔道嘎。时已深秋，添了衣物继续走。9月中旬经根河、金河到了阿龙山。现场仔细观察，确实是直立偃松。这时，钱已花光，靠借贷于月底到了满归，直立偃松也没了解到，令人好不惆怅。

(二)奇迹出现在最后半小时

看我们不甘心，局里建议我们到敖鲁古雅鄂温克民族乡看一下。鄂乡有几十户猎民，是我国唯一养四不像(驯鹿)的地方。他们常年出没林区，或可找到线索。

进鄂乡第一天果然大有收获，当我们正向老猎民问西伯利亚红松时，医生金春(达斡尔族)忽然插嘴说“西伯利亚红松没听说过，我们这里可有果松!”“果松?!”我们马上应声，“我找的就是果松啊!”因为太平川的老工人就称赤塔一带的西伯利亚红松为果松。于是希望之火喷燃。

鄂温克族称西伯利亚红松为昂达，说话间已过“十一”，此时去找昂达小有难度。因沿泽溪流很多，骑四不像进山也要四天，首尾两夜可宿猎民的撮罗子(一种顶棚露天的帐篷)，中间一夜只能露营。

10月初的满归已满地薄冰，露营显然很苦，但如此良机，岂能放过。10月4日终于同两位年青向导带着从乡政府借来的睡袋、毛毯去找昂达。

进山第二天路上，小向导突然问我“到哪里去好?”原来这里昂达共有两处，第一处他们见过，有把握当晚找到，但只有一棵；另一处有十几棵，但他们没见过，只能按大人们说的去摸索，可能找不到。

两位小向导，虽也夸鹿荷抢，号称猎民，但小的金山只有14岁，大一点的昆都山也只有 16 岁，都刚从小学毕业。在此茫茫林海，我根本看不出有什么路，方向偏一点就有可能擦肩而过，失之交臂，只好去找那单株的一棵。

当晚总算找到了那棵昂达，已是暮色苍茫，忙不迭的去观察，这株给予重大希望的昂达，主干虽直，侧枝却甚蔓杂，依稀还是偃松风骨，松针也较细密，而且就在同龄的偃松群中。莫非又是一株直立偃松——后来证明果然！

匆匆钻进睡袋，雪花飘落脸庞，心中反复思忖，难道漠河红松真是一株路人的失落物？这里果真再无同类可寻？找到答案的唯一希望是再看看那几十株昂达。但来时整整走了一天，第二天去看那几十株，晚上回不了撮罗子怎么办？难道以后再来一次？

第二天试着争取他俩的配合，小金山一口回绝，理由很简单，干粮已光，今晚不到帐篷就有可能冻死山上。

我们还是不甘心，走几步又问到底要多费多少时间，他们说从近路绕过去可能半个小时，这回我再去征求昆都山的意见。“咱们用力赶路，赶出这半小时来如何?”在我们期望的目光下，昆都山终于从犹豫到点头，金山也只好同意。约定半个小时，时间一到马上返回。

到了岔路，对过时间，依约进行最后的搜索。这半小时，我们一面紧催四不像，一面不眨眼地搜寻，忽然金山喊“到了!”，一片西伯利亚红松应声而至，远近错落，亭亭玉立。几十天的踏破铁鞋，期望中的西伯利亚红松就在面前，我们不由得大声欢呼，山鸣谷应，人欢鹿跃。从此漠河红松再也不是偶然的飞来松、一块路人的失玉，而是大兴安岭西北坡一个珍贵树种的代表，一条矿脉露头了？这怎能不让人激动、欢呼呢!

一看表正好半小时，真是奇迹。

匆匆归来的路上，三头疲惫的四不像几次扑倒荒溪，我们的鞋和裤子都冻冰壳，心中却更加珍惜这由于“再坚持一下”所取得的胜利。事后金山向人说“他们在山里叫起来了”，他们哪里会知道我们当时的喜悦呢!

（三）最初的报告

由于“漠河红松”牵涉面广。事关重大，我们唯恐有疏漏，再造成错误，为了对比性更强，出满归后，再赴加格达奇，穿着张丽华同志一件棉袄，匆匆赶去胜山，固定了最北一块红松林的解剖材料，返回哈尔滨后马上进行一系列的室内工作，解剖构造也得出一致证明。几经校核准确无误后，于 1980 年底，才发出第一篇简报。

三、再争 9 年

我们 1980 年纠正“漠河红松”的意见是基于生态、地理、形态、解剖等科学基础综合研究提出的，是符合分类学“形态地理”原则的，也是足以服人的。

出乎意料的是我们外业归来不久，有同志也采了那些西伯利亚红松标本，经一些学者分析研究后，做出了“皆属红松”的结论，我们的研究成果因“未采到球果，标本不完全”而被否定。

面对这种现状，我们百思不得其解：

1. 我们没有球果，“标本不完全”，不能定位西伯利亚红松，为什么同样也是没有球果“标本不完全”，却可以定位红松？

2. 科学发展到今天，侦察者只凭毛发、指纹、排泄物或仅仅遗留下的一点气味等部分要素，就能准确的寻找到具体人，分类学难道只因为采不到球果，就不能识别一群树吗？

3. 从一般情况看，由于生殖器官较营养器官更为稳定，因而应被视为重要分类依据，但鉴定漠河红松基本是在两个已知种之间确定其归属，并不是发表新种，何以必须等待球果。

问题的严重性不言而喻，漠河、满归是大兴安岭离红松故乡最远的所在，红松既能在漠河、满归正常生长，大兴安岭还有哪片林区不能生长红松？随此错误结论的传播，一个生产性引进红松的浪潮必须蔓延整个大兴安岭林区，其后果不言而喻！

当此之际，任何回避、退缩、屈从和等待都将给事业带来严重危害。我们唯一的选择是坚持正名，苦争不让。

然而，在 1980 年已做工作的基础上，要求再拿新的证据，必须开展更深层次的研究，涉及更多的科学领域，难度是很大的。为此，我们长期穷思苦索，到处寻师访友，多次去大、小兴安岭，长白山，直至新疆阿尔泰西伯利亚红松自然保护区调查采集。在众多师友的帮助下，1987 年再次撰写论文，并于 1989 年秋采到球果，终于揭开了讹传将近 40 年的红松之谜。

四、哀曲

我们1980年走火入魔式的调查，僵持9年苦撑苦争的行径，引起很多同志的关切，有人曾良言相劝，题目很多，何必钻一个牛角尖；路很宽，何必与人撞车。

其实我们何尝不痛惜生命的浪费，我们走此窄路完全另有哀曲。

（一）老一辈林学家的嘱托

当时（1980年），大兴安岭引种红松正值高峰，“漠河红松很可能是西伯利亚红松”的推断一经提出，立即受到周重光教授的重视，由于当时主持林学系的工作，此前他去大兴安岭考察，深知大兴安岭引种红松的形势及其与漠河红松的关系，因此，曾当面剖析了这项研究的意义，并特别嘱托，一定要抓紧研究，尽早拿出成果，教研组拿出本不宽裕的教学经费资助，使外出调查在本无预算的情况下，迅速成型。

（二）问题的重要与紧迫

既至大兴安岭，从一些老同学处得知，“漠河红松确实是大兴安岭引种红松热潮的主要依据”。由于我们早年跻身于林业管理机关，深知一个决策失误招致的严重后果，当亲自听到有人提出“养苗太慢，来年打算直播红松1000亩的想法”，清楚地意识到问题的重要与急迫，因而风餐露宿，夜以继日，在出发时只带夏装的情况下，坚持到十月下旬方归，竟至造成向大兴安岭到处找人的趣闻。

（三）责无旁贷

然而，未曾料想的是，研究已告成形后，争议又延及了9年，这期间人为的障碍，却比自然的、技术上的障碍更加困难百倍，令人感慨万千。但是由于我们最了解这个问题的真相，最清楚这个课题的价值，所以才做了这样的选择。我们相信，一旦意识到自己的责任，任何同志都会和我们一样，尽管伤身费力，也必须苦撑苦争。在最艰难的时刻，我们认为一个科学工作者必须具备怀疑一切、批判一切的习惯和勇气，我们所以这样做，正像一个战士不能撤出激烈争夺的阵地一样，是在履行自己对事业、对人民的历史义务。

五、群策群力

大兴安岭天宽地阔，林海茫茫，查清一些散生树木的分布情况，纵有千军万马又谈何容易，这工作是怎么完成的呢？

1. 大兴安岭20世纪50年代即已着手开发，60年代初林业局全面上马，至80年代初时间过去了20年。20年间，大兴安岭已局场遍布，到处有人。如果能够将林业部门的广大职工、当地原居民和少数民族的所见所闻充分收集整理，利用生态地理学知识分析取舍、实地验证，形成一个概括的了解是可能的。

2. 大兴安岭树种极其单纯，西伯利亚红松纵然不为群众所知，哪里有红松“却十分令人瞩目”，利用群众的这一鉴别能力，收集最初线索，也是完全可能的。

基于此，1980年我们搜集信息主要采用了“开调查会”的形式，参加者成百上千人次。每到一地，特别请教有实战经验的老调查人员，营林人员，当地农民、猎户、干部、工人和兄弟民族的人民。通过这些调查，我们把千百双眼睛、千百人的智慧集中起来，结合现地考察，去伪存真，导出科学的结论。一如前述，满归新树群就是在当地林业干部尚无所知的情况下，从鄂温克猎民口中访知的。

通过调查会，也使感情得到交流，出于对其共同事业的关心，大兴安岭不仅提供了种种信息，同时也在向导、交通，甚至食宿等方面给予了大力支援，真正够得上并肩作战、祸福与共。那些事，那些人，我们是终生难忘。大兴安岭西伯利亚红松的发现，红松、西伯利亚红松以及其他一些树种在大兴安岭的分布调查，确实是成百上千位大兴安岭人智慧与劳动的结晶。

六、向敬爱的前辈致敬

(一)早该发现的史料

在为编写本书进一步搜集材料期间，我们还意外发现了一些早该发现的史料。

1. 据哈尔滨师范大学刘鸣远教授的回忆，早在1954年，敬爱的刘慎谔先生就曾在一次报告会上对漠河发现“红松”，公开表示怀疑。联系他后来把大、小兴安岭视为“东西平行”的独到见解，说明这怀疑是有其深刻认识基础的。

2. 重读吴中伦先生《中国松属的分布与分类》发现，早在1956年他就明确指出，大兴安岭在与西伯利亚邻接处应该有西伯利亚红松的存在。这样重要的科学预见却被冷落了整整35年。

3. 据满归林业局同志1989年提供的资料，敬爱的阳含熙先生在1987年又一次误指满归新发现树种为红松的书籍出版不久，回答当地干部询问时曾明确表示，“从地理分布看，满归的争议松树只能是西伯利亚红松。”并且进一步补充说，“我们早就怀疑它有，一直没找到标本”。

4. 敬爱的郑万钧先生，1961年虽将“漠河红松”写入著作，致流传全国，但在1978年编著《中国植物志(第七卷)》时，不仅及时删去了那段来自讹传的文字，而且明确提出红松分布“在小兴安岭爱辉以南”。1981年，我们第一篇论文发表后，他主编的《中国树木志(I)》(1983)，在全国第一个承认并介绍了西伯利亚红松在大兴安岭的分布。

今天重温众位前辈的真知灼见，由衷敬佩之余也发现自己学识和学习上的严重缺憾。如果我们能早一些全面掌握这一系列资料，发现问题的时间应更早，弯路应走得更少，不会一误再误至今。

(二)永志不忘的关怀

从1980年进入正式研究以来，每一关键时刻都得到了前辈的支持、鼓励和关怀。

1. 已故樟科分类专家、敬爱的杨衔晋院长，在我们未采到球果，只据营养器官提出鉴定遇到困难时，他率先冲破传统束缚，申明根据营养器官也可以准确鉴定。这话在当年对坚定我们的信心起了非常重要的作用。

2. 敬爱的生态学家王业蘧教授，根据种群分布，从生态地理学的角度一直明确支持我们的观点，实际上坚持了分类学的“形态地理原则”，使我们在坚持研究中一直受到鼓励。

3. 当年林学系主任周重光教授，及时指出本项研究的生产实践意义，出发前亲切嘱托，归来后催促帮助，甚至亲自为我们查找资料，指导写作，一颗关怀祖国林业的赤子之心，令人感动。

4. 特别是敬爱的吴中伦先生，1984 年面对我们求教时，在给予具体指导后，以当年 70 余岁的高龄，又亲自带领我们楼上楼下的奔波，帮助安排电镜扫描研究。每忆及当年这一感人情景，心潮实难平静！

这样的事例举不胜举，他们从方方面面给予的帮助，对于长期苦撑、急待援手的我们，无异于雪中送炭。前辈、师友们的真知灼见，严谨学风和对科学、祖国的赤诚忠贞，永远激励着我们前进。

七、任重道远

回顾 10 余年来的研究历程，我们确实有很多感受，如对重要的科学信息不轻信传言，坚持科学分析，爱护与保护“问号”的问题。在调查实验过程中积极理性思维，及时提出必要推断的问题；作为一个科学工作者应该有长期不被理解、不被承认的思想觉悟，自觉的坚持真理、坚持科学的问题；坚持对历史负责、对事业负责的态度，面向生产建设，急生产之所急的问题；认真查核资料，广泛搜求消息，避免孤陋寡闻的问题；尊重前辈意见，继承前人遗产的问题等。要做到既尊重前人又不盲目屈从，既依靠群众又不轻信传言，却有一定的难度。其中关键，我们体会最深的是对事实掌握和对资料分析的驾驭能力。不广泛搜集信息，不深入研究调查，绝对做不出正确的选择和鉴别。这方面我们积累有一定的经验，也有不少教训。

大兴安岭西伯利亚红松新分布的发现和红松在我国西北限的提出，凝结着成百上千普通干部、工人的劳动和众多前辈、师友的心血。已经取得的成果，对长期以来的混乱认识是一次必要的清理。现在，我们如何仍在此基础上进一步做好未来的工作，已提上议程。对大兴安岭的认识，对红松、西伯利亚红松的研究均有待进一步加深与拓宽。大兴安岭引种红松的工作已经进行多年，引种西伯利亚红松的实验也已开始。为把这些工作做好，尚需很多同志做大量的工作。从这个角度看，真正更重要、更有意义的工作才刚刚开始。

回首往事，前车可鉴，展望未来，任重道远。

二、寻找失联的“孩子”

——阿龙山营林科马立新寻西伯利亚红松记

在阿龙山林业局357 427 hm^2的生态功能区内，马立新的足迹踏遍了每个沟系、岔线，他熟知每个林班的地理位置，他了解每支岔线的地容地貌，他把山林当作兄弟，他把树木当作孩子，他见证了“女子造林队”在造林史上的辉煌，也亲身经历了“挂斧停锯”的历史转变。如今，为了转型产业发展的需要，马立新开始寻找那些失散的“孩子”——已经营造成林的西伯利亚红松林，让这群特殊的“孩子”弹奏出阿龙山局转型发展的最美音符。

5月初的清晨，风中仍旧带着些许凉意，变化无偿的天气让阿龙山的地面上还存留着没有融化尽的雪。早上7点整，汽车发动机的引擎声打破了小镇的宁静。“小祝，你检查一下，看设备或工具有没有忘记带的，看看我们的给养还缺什么？如果没有，我们就出发！”马立新一边说着，一边看了眼跟随上山的几名大学生后，随即关上车门，汽车便朝着阿北干线方向驶去，马立新的第5次寻“亲”之路又一次开始了……

汽车在崎岖的山路上颠簸行驶着，马立新望着脚下的鞋子骄傲的笑着向笔者说到：“谁说我们每次上山没有成绩，看看我脚下的这双鞋，已经是寻找西伯利亚红松过程中穿坏的第四双鞋了！为了寻找到这些西伯利亚红松林，我们还特意把远在山东的原女子造林队的队长杨金华请回了阿龙山，请她来协助我们一起寻找。目的只有一个，就是尽快的找到它们，看看它们的现状如何？有没有健康的成长。”当笔者问及为什么现在这个时间去寻找时，马立新毫不犹豫的回答到：“现在山上的树还没有放叶，草爬子还没有完全出来，而西伯利亚红松林的绿很容易被我们发现，这样找起来会容易一些，一但树放绿了，我们要找就更难了！”在交流的过程中，上午8点40分，车子在阿北四岔停了下来。马立新下车，朝着四周的山环视了一下自语道：“应该是这里了！祝子，你和汪洋、敖日格勒带上吃的，从那个沟上去找，我带王志超他们从这里上去，有什么情况我们随时用对讲机保持联系。”“好的，我们现在就出发！”一边正在整理背包和工具的祝清超回答到。5 分钟后，两个小组，兵分两路开始上山寻找。

在崎岖陡峭的山路上，山上的积雪还没有化尽，原本清晰的山路在积雪的映衬下变得有些模糊不清。马立新一边朝山上走着，一边拿着手里的 GPS 进行定位。“我们从去年 9 月份就已经开始寻找西伯利亚红松林了，因为当时栽种的时候没有 GPS，也没有留下任何相关的数据，杨金华只是凭着记忆告诉我们曾经在哪片种过这种西伯利亚红松，所以我们只能一个坡一个沟的去找，如今，我们已经在阿鲁干 37 和阿北这边找到了两片，共计 3 000 余株，而且已经成林，我们已经将其保护起来，为的就是让西伯利亚红松能够成为我们局经济转型的主要支撑。”一边朝山上走，马立新一边向笔者介绍着寻找西伯利亚红松的难度。在山林中穿行了 2 个多小时后，对讲机里传来了急促的声音：“科长科长，我们发现几十株红松，按方向看，好像是朝着你们那边栽种的。”“收到，我们现在距离是 3 400m，我们分头寻找！”马立新面带笑容的对大学生们说到，“快，发现西伯利亚红松了，我们现在分头找，随时保持联系！”说着，马立新便急冲冲的朝着正南方向的树林走去，25 分钟后，马立新终于在东坡的树林内发现了大批的西伯利亚红松，而且长势喜人，他像是见到了久别的孩子一样，笑的合不拢嘴，他认真的查看着每一棵西伯利亚红松的长势和高度。此时，对讲机里又响了起来：“科长科长，我们这边找到西伯利亚红松了，距离您 1 200 米！”“科长科长，我们这边也找到西伯利亚红松了……”顾不上休息，马立新又急忙赶到大学生敖日格勒那边，王志超和女大学生田颖正在一棵一棵的数着，马立新气喘吁吁的靠在一棵松树上，欢喜的说到：“太好了，我们这次可没有白来，看这片足足有 1 000 余株！”另一边，田颖看到一堆灌木丛中还生长着一棵小的红松，她用手中的片镐扒开那些灌木，弯下腰，一边细心清理着小西伯利亚红松周边的杂木，一边自语到：“小家伙，你看看你旁边的兄弟长的都快 2 米了，你怎么长的这么矮呀？是不是它们太欺负你了？”一边说着，田颖一边用片镐轻轻地为它进行松土。

“汪洋，你们拿尺把这片西伯利亚红松的高度，胸径等详细的量一下做好记录，祝子，你把这片林子的具体位置记录好，我们要随时掌握这片西伯利亚红松林的长势。”按照各自的分工，大家都分头忙碌起来。“胸径 18 厘米，树高约 6.5 米……”测量，记录，一时间，大家忘记了疲劳和饥饿。“我们把每一棵西伯利亚红松的数据录入到电脑，在软件系统中自动处理，形成二维码，让每一棵西伯利亚红松都有自己的身份，也就是电子身份证和纸质身份证。”马立新略带自豪的向笔者介绍着他们采集数据的目的。天渐渐的暗了下来，马立新看了看表，此时已是下午3点多了。“光顾着高兴了，竟然忘记了大家还没有吃饭，快，大家赶紧吃一口，不然没有力气干活了!”简单的午餐过后，大家又开始忙碌起剩余松树的数据采集。“科长，你快看，这颗西伯利亚红松结果了!”一声惊讶后，大家都围了过来，马立新看了看这棵三米多高的红松的树尖上，挂着两颗约2厘米长的果实，高兴的说道：“祝子，快，把我们的车上备用的防火罩拿出来，把上面的果实罩上，这么珍贵的树塔可别让松鼠什么的给吃了。”祝清超和王志超拿出车上备用的防火罩，找来了根木杆，将铁罩罩了上去，固定好后，祝清超得意的说到：“看那些花鼠子还能吃得到吗?”等把铁丝网罩挂好后已是下午4点20分了，马立新看了看快要落山的太阳，对田颖等几个大学生说到：“今天我们收获很大，大家把采集到的相关数据整理好，我们还要抓紧时间把二维码制作出来，等我们下次来的时候，都给它们带上，收拾一下工具，我们准备下山!”一边收拾背包，马立新又站起身来，重新看看了这群“孩子”，依依不舍地朝山下走去。

回到车上，马立新随即拿出林相图，在阿北四岔处画上了记号，一边画记号一边笑着说到：“这是我们寻找到的第四片西伯利亚红松林了，我们大家再加把劲，一定要把那些失联的孩子都找回来，要把我们局变成西伯利亚红松真正的“娘家”，不要让东北林业大学的赵光仪那些老教授们失望，大家有没有信心?”“有”，随行的四个大学生们异口同声的回答到，“哈哈”笑声回荡在山野林间……

他们寻找的是二十多年前栽植的西伯利亚红松，由于当时的年代只有手写资料，因常年积压在潮湿的屋子里，后来查看时候发现什么也看不清了，有的还丢失了，所以，他们只好凭经验、找人问、向万顷林海进军，就像大海捞针一样地去重新寻找。

三、栽种“神树”的人——赵光仪　侯爱菊

红松、西伯利亚红松和偃松在《植物分类学》里都是“五针松”属，但其干型差异很大。此前普遍认为大兴安岭林区只有一种“五针松”——偃松，同时红松引种的实验也以失败告终。但是，在大兴安岭林区北部的确还生长有一种鲜为人知的乔木型“五针松”。

从1977年开始，赵光仪老师每年寒、暑假就自费到大兴安岭林区寻找这种“五针松”，他的足迹踏遍内蒙古大兴安岭北部林区和黑龙江大兴安岭地区。开启了西伯利亚红松引种工作的艰难之旅。

不久，在黑龙江边的漠河村（现在的北极村）附近，他发现一棵乔木型“五针松”，坚定了他的信心。

1980年，从6月份就进入大兴安岭北部林区的赵光仪老师，终于在国庆节期间有了重大发现：他与鄂温克猎民在原始森林中，骑驯鹿、踏初雪、翻山越岭地跋涉数天后。终于，在当时尚未开发建设的激流河林业局北岸林场（现今满归林业局北岸林场）的耶尔尼斯涅河谷找到一片“乔木型”的“五针松”。

这次发现是他离开东北林学院四个月之后的重大收获。当时通信方式不便，他无法即时和家人及学校领导联系。四个月后，当他满载收获却衣衫褴褛地回到学校，也因此获得“东北林学院里的彭加木”美誉。

世世代代在大兴安岭北部原始森林中游牧与狩猎的鄂温克猎民们，称这些珍稀的树为“神树”。每当在原始森林中遇到“神树”，就会虔诚地膜拜……

这次发现的乔木型“五针松”共有61株，分布在篮球场大小的林地中。粗细不同、高矮不一，具有显著不同的树龄。

它们是何树种？为什么会在这里生长繁衍？当新的科研课题摆在面前时，历史却和赵光仪老师开了个玩笑。

在赵老师千辛万苦地寻找乔木“五针松”时，其他研究人员也在大兴安岭林区寻找珍稀树种。在赵老师找到这片“五针松”的消息传出后不久，就有学者在国内外的学术刊物上发表论文称：中国大兴安岭北部林区发现新树种，是

植物学界的“新发现”。按照国际惯例的命名方式，把它命名为“兴安松”……

面对不同舆论和见解，赵老师参考《植物分类学》《植物生理学》《细胞学》《遗传学》等理论知识，结合电子显微镜解剖和对比鉴定。得出的结论是：“神树”其实是西伯利亚红松。

西伯利亚红松是泰加林的主要树种之一，在俄罗斯境内大面积分布。我国只在新疆维吾尔自治区的阿尔泰山地有少量分布。从俄罗斯进口的木材中，西伯利亚红松原木价格最高。

1989 年，赵老师的研究成果受到黑龙江省科委的认同和奖励后，引种西伯利亚红松的试验才得以开始。至此，距离最初引种红松的实验，也已经过去了 25 个春秋，这项荫及子孙后代的事业才刚刚拉开序幕……

1990 年，西伯利亚红松育苗和造林科研工作正式启动。

赵老师把第一批种子交给他的一位学生，东北林业大学毕业多年的某林业局工作者担当课题负责人。两年后，这位课题负责人面临提前退休。他向自己的老师提出要求：希望对西伯利亚红松引种科研进行阶段成果鉴定，希冀对自己为林业奋斗一生画一个句号。

此时，虽然赵老师也已经退休，但由于实验时间太短，影响实验结论，赵老师心痛地拒绝了这位学生的要求。

试验中断，赵老师只好把这项引种试验转移到阿龙山林业局，交给他的另一名学生来负责。并且语重心长地说：“这项试验，少则几十年、多则上百年。我是见不到，你年轻，一旦有成果，就写个纸条到我的坟前烧了就行了……”

1992 年，退休后赵老师没有去颐养天年，而是更多精力投入到西伯利亚红松的引种事业上。他用退休金进行西伯利亚红松引种试验。他的爱人，侯爱菊老师也是东北林业大学的教授。她自始至终支持着赵老师，并承担起从国外选购西伯利亚红松种子的工作。当时通信还十分不方便，植物种子进口需要严格的检疫，侯老师费尽周折和心血……

这一年，西伯利亚红松引种试验在大兴安岭东北坡的新林林业局与西北坡的阿龙山林业局同时开展起来。西伯利亚红松育苗造林的科研试验受到各林业局的高度重视。

阿龙山林业局决心把西伯利亚红松引种试验与提高本局更新造林质量与水平工作结合起来，后来，把西伯利亚红松培育成“容器苗”，由专人在雨季上山栽植的办法总结成《容器苗——专业队——三季造林》新技术，推动了营林事业的发展。

1996 年，内蒙古大兴安岭林管局的科研项目“三大硬阔树种引种”在阿里河林业局进行。协作单位是东北林业大学，退休四年的赵老师主动担当课题的工作人员。他吃住在阿里河林业局苗圃、每天工作在田间地头，手把手地教授育种技术，并经常往返于阿里河林业局与新林林业局两地之间……看到一位耄耋老人的执着追求，内蒙古大兴安岭阿里河林业局与黑龙江大兴安岭新林林业局拨专用经费，支持在本局建立西伯利亚红松母树林基地。

同期，经侯爱菊老师努力，促成阿里河局与新林林业局赴俄罗斯新西伯利亚考察，采集西伯利亚红松“接穗”。大兴安岭的西伯利亚红松母树林基地建设开始起步。

伴随着国家实施天然林保护工程的喜讯，1999 年春天，内蒙古大兴安岭林区召开林区经济工作会议，部署落实“天然林保护工程”。赵老师专程从哈尔滨赶来，向大家介绍引种西伯利亚红松的意义。当年，许多林业局苗圃播种培育了西伯利亚红松幼苗，并且上山造林。

2015 年，内蒙古大兴安岭林管局投入百余万元科研经费，进行西伯利亚红松引种推广工作。

这一年，黑龙江大兴安岭林管局在转型发展规划中，全面启动西伯利亚红松嫁接及科研造林工作。

这一年，阿龙山林业局不仅完成了 30 万株西伯利亚红松幼苗的造林任务，还为下一年培育 200 万株西伯利亚红松苗做好了准备工作。同时，为已经成林的近万株西伯利亚红松注册了二维码。

今天，被赵光仪老师称为“两阿”基地的阿龙山林业局西伯利亚红松人工林基地已经开始扩大引种面积，阿里河林业局西伯利亚红松母树林基地数千株母树即将结实。同时，黑龙江大兴安岭新林林业局和塔河林业局也有数万株西伯利亚红松成林，数千株优质母树陆续开始挂果。

成绩的背后，沁透着一对老教师夫妻的无私奉献……

四、西伯利亚红松研究成果

西伯利亚红松自20世纪60年代在大兴安岭发现以来，针对其定种、引种、育苗、造林和抚育的试验研究一直从未间断，已发表了大量相关的研究论文。为了对西伯利亚红松有更加全面的认识和了解，本章收录了国内1981—2016年年间有关的研究文献30篇。其中，多数论文的研究区域就在大兴安岭。这些文献的研究内容主要包括西伯利亚红松的分布及其形态学特征、西伯利亚红松催芽技术及其播种育苗试验、西伯利亚红松种源的遗传多样性和西伯利亚红松造林试验等。

本文收录的文献全部从中国知网(http：//www.cnki.net/)下载，均已公开发表，并在汇编时标注有期刊来源。我们与这些文献的多数研究者一直保持着良好的学术交流与合作。在西伯利亚红松引种栽培的各项生产实践中，正是这些论文的研究者给予了我们技术上的大力支持和指导，才得以使西伯利亚红松繁育造林试验工作稳步推进，为今后大面积造林试验打下了坚实的理论基础。没有这些学者们大量、无私的辛勤付出，我们将难以培育好、管理好西伯利亚红松这一珍贵树种，难以取得今天的巨大成果，在此向他们表示深深的敬意和感谢。对于所收录文章中一些未曾谋面的作者，因不便一一联系，也在此一并致谢。

1. 关于西伯利亚红松在大兴安岭的分布以及我国红松西北限的探讨
2. 大兴安岭西伯利亚红松及其形态学的研究
3. 大兴安岭西伯利亚红松调查简报
4. 大兴安岭三类五针松比较形态学研究
5. 西伯利亚红引种试验中的育苗研究
6. 俄罗斯西伯利亚红松经济林研究现状
7. 西伯利亚红松引种试验中的造林研究
8. 西伯利亚红松育苗试脸

9. 西伯利亚红松引种试验初报
10. 珍贵树种西伯利亚红松引进的可行性
11. 引进西伯利亚红松种子和接穗的检疫
12. 西伯利亚红松与红松种子形态、种皮显微构造的比较研究
13. 西伯利亚红松播种育苗技术
14. 西伯利亚红松种子催芽芽技术
15. 应用 ISSR - PCR 对西伯利亚红松 19 个种源的遗传多样性分析
16. 水分条件对红松和西伯利亚红松针叶脯氨酸与叶绿素含量的影响
17. 塔河蒙克山西伯利亚红松试验林高生长分析
18. 在大兴安岭引种西伯利亚红松的可行性探讨
19. 内蒙古大兴安岭林区营造西伯利亚红松林的探讨
20. 引种西伯利亚红松种源试验
21. 西伯利亚红松异砧嫁接营建坚果林的技术研究
22. 西伯利亚红松造林效果初探
23. 西伯利亚红松人工林在阿龙山林业局抚育技术
24. 寒温带地区西伯利亚红松苗木越冬防寒方法探讨
25. 西伯利亚红松容器育苗繁殖试验
26. 西伯利亚红松嫁接技术试验
27. 西伯利亚红松嫁接引种的生态适应性研究
28. 内蒙古大兴安岭林区西伯利亚红松育苗技术探讨
29. 不同径级的西伯利亚红松树干液流及蒸腾耗水特征的差异
30. 西伯利亚红松种子繁殖育苗技术浅谈

附 图

附图1：西伯利亚红松主要形态特征

●阿龙山野生西伯利亚红松

●西伯利亚红松的花

●开花的枝

●西伯利亚红松球果

●球果、针叶及种子

附图 2：西伯利亚红松低温混砂法催芽技术

●催芽成功的种子，微微露白

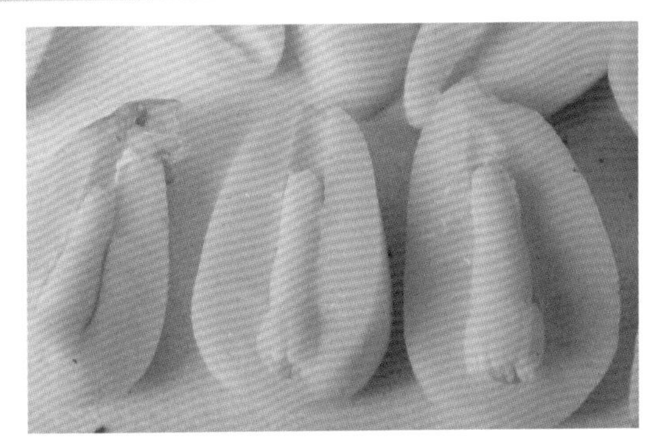

●催芽成熟后的种子内部解剖图

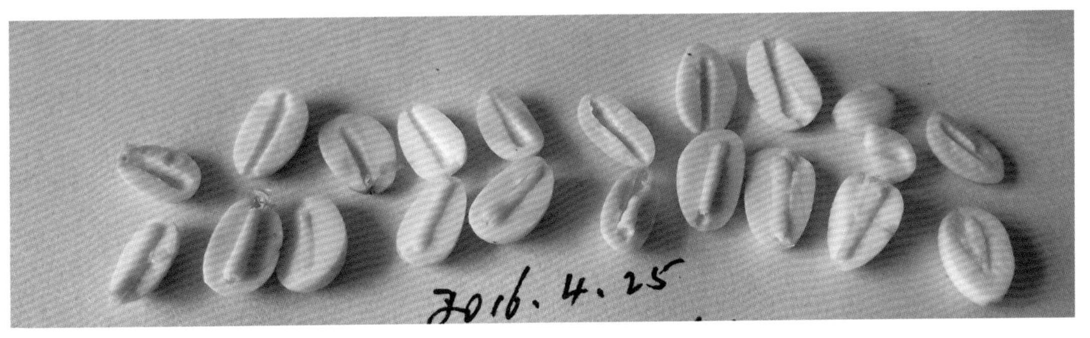

●催芽成熟后的种子内部解剖图

●经过种子品质测定后进入林管局种子站

●用水浸泡待催芽的种子，清除不能下沉的种子

●利用高锰酸钾对种子进行消毒

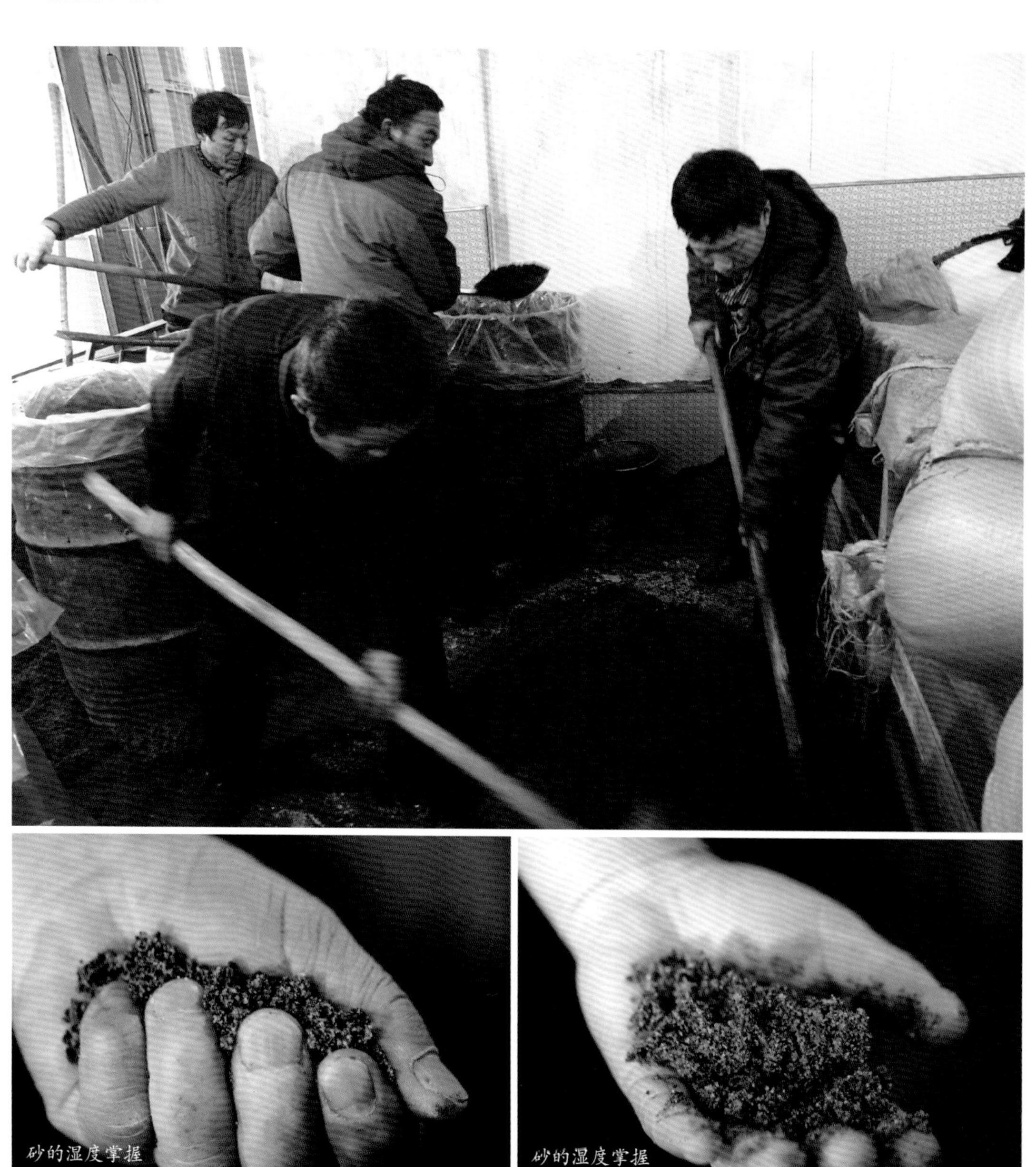

砂的湿度掌握

砂的湿度掌握

用冰雪覆盖在沙堆上以便保持低温，用成捆的小树枝包裹后插入混合有种子的砂中保持通气

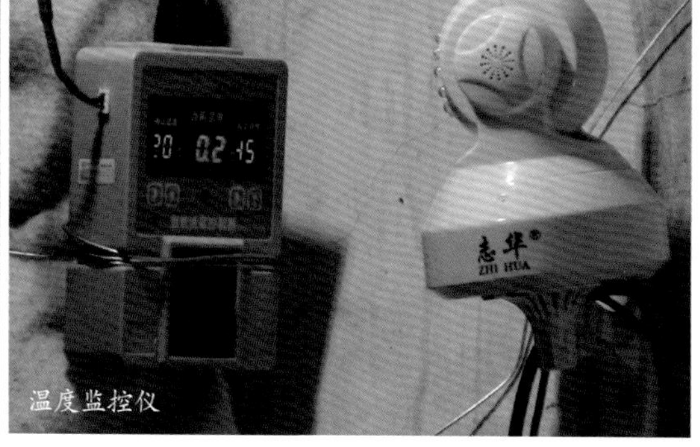

温度监控仪

● 为打破种子的休眠，利用低温混沙法进行催芽

附图3：西伯利亚红松播种育苗技术

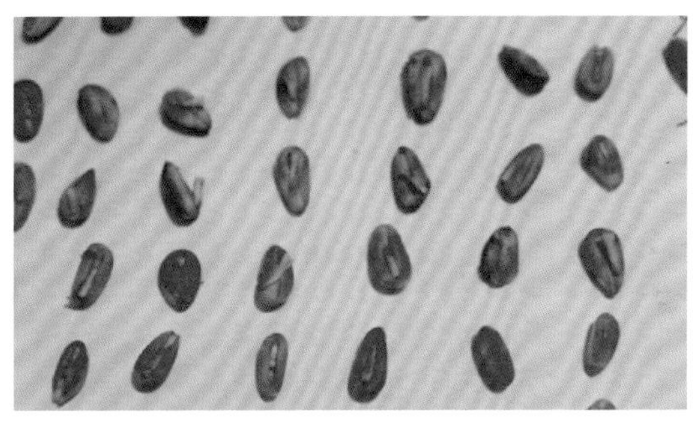

●技术人员在东北林业大学专家组的指导下，对西伯利亚红松进行千粒重测量和染色试验，以此检验种子的品质和生活力情况

●技术人员在讲解育苗知识

●播种

●破土而出的西伯利亚红松幼苗

●西伯利亚红松幼苗

●西伯利亚红松幼苗室外驯化

●驯化后可直接造林的西伯利亚红松幼苗。驯化时间应尽量赶早，以便幼苗木质部充分木质化，一般在 7 月前移至室外进行驯化

附图4：阿龙山西伯利亚红松苗圃

●阿龙山西伯利亚红松苗圃外景

●阿龙山西伯利亚红松苗圃内景

附图 5：西伯利亚红松起苗、包装及运输基本过程与注意事项

●准备起苗，根据造林进度安排起苗时间和数量

●苗木装袋前为防止苗木失水，用土就地假植保湿

●苗木打包装袋前用泥浆水浸润保湿

●苗木打包上车，准备运往造林地

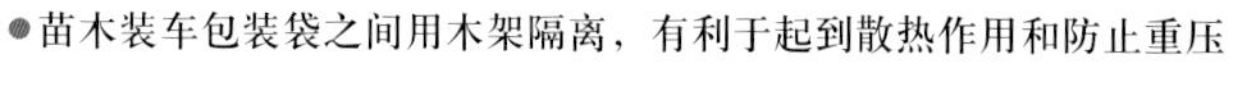

●苗木装车包装袋之间用木架隔离，有利于起到散热作用和防止重压

附图6：西伯利亚红松嫁接

●从野生西伯利亚红松枝条上采摘接穗

●技术人员对接穗进行整理选优

●聘请专业技术人员嫁接

●插座髓心形成层贴接法嫁接

●接穗完成后的西伯利亚红松

●嫁接苗长势

●西伯利亚红松接穗已抽新芽

●西伯利亚红松接穗枝条开花

附图 7：西伯利亚红松造林整地

●翻开草皮

●整好的地，规格为 50cm×50cm，造林时再挖穴栽种

附图 8：阿龙山西伯利亚红松人工林

●阿龙山阿北施业区待抚育的西伯利亚红松人工林，林龄为 20 年

●阿龙山 8 林班西伯利亚红松人工林

●阿龙山 8 林班西伯利亚红松良种基地

●嫁接成活后提前 3 ～ 5 年开花结果

●西伯利亚红松身份证

●新疆阿尔泰国有林场西伯利亚红松林

附图 9：西伯利亚红松人工林抚育

●未抚育前的西伯利亚红松人工林，林内光照明显较弱

●工人正在对西伯利亚红松林进行抚育，清除周边影响生长的高大杂木

●工人正在对西伯利亚红松人工林进行抚育，清除西伯利亚红松周边的小灌木和杂草

●工人正在移走西伯利亚红松人工林中的清理物

●抚育后的西伯利亚人工林，林内光照条件得到明显改善

●抚育后的西伯利亚红松生长状况

附图 10：研究人员及领导在阿龙山调研西伯利亚红松

●东北林业大学赵光仪教授嘱咐阿龙山西伯利亚红松负责人一定要把西伯利亚红松事业做好

●刘桂丰教授讲解西伯利亚红松生物学特性

●东北林业大学西伯利亚红松课题组刘桂丰教授和赵曦阳老师查看西伯利亚红松长势情况

●东北林业大学研究生在阿龙山野外研究西伯利亚红松

●东北林业大学教授在进行嫁接指导与科学研究

●李国英董事调研 20 年前栽植的西伯利亚红松的长势情况

●林管局科技处处长余涛观察西伯利亚红松长势情况

●林管局营林生产处王耀国处长通过二维码扫描器查看西伯利亚红松情况

●森工集团董事长张学勤询问新购进的三十万株西伯利亚红松苗情况

●营林科负责人向国家林业局造林绿化管理司司长王祝雄介绍西伯利亚红松生长情况

●苗圃负责人向内蒙古大兴安岭重点国有林管理局党委书记介绍育苗情况

●邵宏波局长向林管局副局长宋秉杰介绍西伯利亚红松人工林生长情况

●邵宏波局长向内蒙古大兴安岭重点国有林管理局党委书记陈佰山介绍西伯利亚红松发展规划

●邵宏波局长在东北林业大学认真听取赵光仪教授、刘桂丰教授讲西伯利亚红松的历史

●2016 年 8 月 31 日内蒙古大兴安岭林业管局“西伯利亚红松引种研究”项目启动会在北京召开

●原内蒙古大兴安岭森林调查规划院院长、阿龙山林业局营林处主任赵博生、全国劳动模范造林队队长杨金华在西伯利亚红松造林场地传授造林技术

●内蒙古大兴安岭林区老科协技术工作者协会副会长郦文生、常务理事曾宪良在阿龙山 8 林班实地考察西伯利亚红松嫁接情况

●营林科负责人向内蒙古大兴安岭重点国有林管理局党委书记解读二维码信息

●营林科技术人员给移栽的西伯利亚红松悬挂二维码